数据库及其教学应用研究

白彦辉　著

吉林人民出版社

图书在版编目（CIP）数据

数据库及其教学应用研究 / 白彦辉著 . -- 长春：
吉林人民出版社，2022.3
ISBN 978-7-206-18989-0

Ⅰ.①数… Ⅱ.①白… Ⅲ.①关系数据库系统 Ⅳ.
① TP311.132.3

中国版本图书馆 CIP 数据核字（2022）第 040723 号

责任编辑：刘　学
封面设计：皓　月

数据库及其教学应用研究

SHUJUKU JI QI JIAOXUE YINGYONG YANJIU

著　　者：白彦辉
出版发行：吉林人民出版社（长春市人民大街 7548 号　邮政编码：130022）
咨询电话：0431-85378007
印　　刷：廊坊市海涛印刷有限公司
开　　本：787mm×1092mm　　　　　1/16
印　　张：12　　　　　　　字　　数：171 千字
标准书号：ISBN 978-7-206-18989-0
版　　次：2023 年 1 月第 1 版　　　印　　次：2023 年 1 月第 1 次印刷
定　　价：58.00 元

如发现印装质量问题，影响阅读，请与印刷厂联系调换。

前 言
PREFACE

20世纪60年代末，数据库技术作为数据处理中的一门新技术发展起来。时至今日，数据库技术已形成了较为完整的理论体系，是计算机软件领域的一个重要分支。

随着数据库系统的推广，计算机应用已深入人类社会的各个领域，如当前的管理信息系统（MIS）、企业资源规划（ERP）、计算机集成制造系统（CIMS）、地理信息系统（GIS）、决策支持系统（DDS）等，都是以数据库技术为基础的。此外，我国实施的国家信息化、"金"字工程、数字城市等都是以数据库为基础的大型计算机系统。目前，数据库的建设规模和性能、数据库信息量的大小和使用水平已成为衡量一个国家信息化程度的重要标志。

基于此，作者结合多年的教学经验与工作实践，撰写了《数据库及其教学应用研究》一书。本书将数据库的理论知识与实践教学以及实际应用相结合，理论联系实践，内容层层递进，首先概述数据库及其技术发展、数据库系统设计与管理，然后对数据库课程教学改革与模式创新进行了讨论，在此基础上对数据库应用与共享平台设计进行了更深层次的探究。希望读者通过阅读本书，加强对数据库相关理论的掌握，对数据库及其教学应用有更深入的了解，推动数据库应用技术的发展。

本书适合作为高等学校计算机、信息管理、软件工程、电子商务等相关专业数据库类课程本科生教材，也适合作为从事数据库系统研究、数据库管理和数据库系统开发者的参考用书。

由于作者水平和时间有限，书中难免存在不足和疏漏之处，敬请各位同行和读者指正，以便及时修订和补充。

白彦辉

2022年1月

目 录
CONTENTS

第一章　数据库及其技术发展

第一节　数据与数据库

一、数据与信息

数据库是计算机信息管理的基础，其研究对象是数据。因此，在介绍数据库技术之前，有必要了解数据与信息的基本概念。

人类社会在经历过农业化和工业化两个历史时期后进入信息化社会，信息化和全球化紧密相连，成为推动当今世界经济迅速发展的源动力。在信息化的社会里，信息资源对人类社会生活的重要性不断提高，信息资源的占有与利用水平已成为衡量一个国家或企业综合实力和竞争力的重要标志。信息化是继工业化之后生产力发展的一个新阶段，将对社会经济的发展乃至整个人类文明产生巨大的影响。信息化涉及社会生活的各个领域，会引起产业结构、就业结构、社会组织的重大变革，也会给人们的工作、学习和生活方式带来重大的变化。

近代人类逐步了解到能量资源的性质，利用能量科学技术把外部世界的能量资源加工为各种可以控制的动力（如机械力、化学力、电力等），并把它们与近代的新材料结合起来，制成了各种由材料和动力所组成的动力工具（如机床、汽车、飞机、轮船等），扩展了人类的体力能力。

进入现代，人类正在逐步认识和掌握信息资源，利用信息科学技术把外部世界的信息资源加工成各种可利用的知识，并把它们与现代材料和动力相结合，制成了各种智能工具（如各种管理与决策系统、专家系统、智能机器人等），扩展了人类的智力能力。

从20世纪60年代开始，计算机应用开始进入企业管理领域，计算机信息系统应运而生。计算机信息系统是由人、计算机及管理规则组成的能进行信息的收集、传送、存储、加工、维护和使用的系统。从使用者的角度来看，信息系统是提供信息、辅助管理者进行控制和进行决策的系统。要达到这一点，信息系统必须能对各种形式的数据进行收集、存储、加工等，这些称为数据处理。数据处理的目的是从大量的、原始的数据中抽取或导出对人们有价值的信息，供决策者参考。具体的例如数据（data）、信息（information）等一些基本概念的解释如下。

（一）数据

（1）数据的概念。数据是数据库中最基本的存储对象，是现实世界中客观存在的物体在计算机中系统的抽象表示，是存储在计算机中的符号串。人们对数据的理解大多是狭义的，也就是数字，例如1、￥58等。广义地讲，文字、图形、图像、声音、符号等有意义的元素都称为数据。

（2）数据的特性。数据有多种特性，其主要特性如下：①表现多样性。数据可以有多种表现形式，除狭义上的数字以外，数据还可以是文字、图形、图像、声音、视频等表现形式。正是基于数据表现形式的多样性，才能为数据库的广泛应用提供有力的基础。②数据的可构造性。从结构上看，数据分为结构化数据、半结构化数据和非结构化数据。不同的应用中数据的结构也是不同的，比如互联网中的Web数据属于非结构化及半结构化形式，而软件中一般使用的都是结构化数据。结构化数据有型（type）与值（value）之分，数据的型给出了数据的类型，如整型、实型、字符型等；而数据的值是指符合给定类型的数值，比如数据库中是这样描述数据的：（20200201，宋林，男，18，计算机系），即把学生的学号、姓名、性别、年龄、系别组织起来，形成一个记录，这条学生的记录就是描述一个学生的数据，这就是一种结构化的数据，学号、姓名、性别、年龄、系别是数据的型，（20200201，宋林，男，18，计算机系）是数据的值。③数据的持久性与挥发性。长期对系统有用的或者需长期保存的数据一般是存放在计算机的外部存储器（如光盘、硬盘）中，这样的数据称为持久保存的数据，具有持久性。另一部分数据与程序仅有短时间的交互关系，随着程序的结束而消亡，它们一般保存在计算机的内存中，这样的数据称为临时性数据或挥发性数据。④数据的私有性与共享性。从数据的服务对象上看，数据可分为私有数据和共享数据两种。为特定应用程序服务的数据称为私有数据，而为多个应用程序服务的数据称为共享数据。⑤数据的海量存储性。从数据的存储数量上看，数据可分为不同的层次。随着计算机技术的不断发展，计算机硬件的存储容量也在不断增长，这就使得数据的存储量也越来越大，出现了海量存储。

（二）信息

信息是隐含在数据中的意义，是现实世界各种事物的特征、形态以及不同事物之间的联系等在人脑海中的抽象反映。对这些经抽象而形成的概念，人们可以认识理解，可以加工传播，可以进行推理，从而达到认识世界、改造世界的目的。特别是在信息技术高速发展的今天，信息已经越来越重要了。

信息具有四个基本特征：①信息的内容是关于客观事物或思想方面的知识。②信息是有用的，它是人们活动的必需知识。③信息能够在空间上和时间上被传递，在空间上传递信息称为信息通信，在时间上传递信息称为信息存储。④信息需要一定的表示形式，信息与其表现符号不可分离。

二、数据处理与数据管理

（一）数据处理

数据处理是对各种形式的数据进行收集、存储、加工和传播的一系列活动的总和。其目的是从大量的原始数据中抽取对人类有价值的信息，以作为行动和决策的依据。①

---

① 屈晓，麻清应.MySQL 数据库设计与实现 [M]. 重庆：重庆大学电子音像出版社，2020:5.

数据是信息的载体，信息则是数据加工的结果，是对数据的解释。信息与数据之间的关系可以用图1-1来描述。

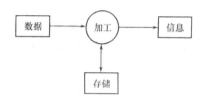

图1-1 信息与数据之间的关系

计算机系统的每一操作，均是对数据进行某种处理。数据送入计算机后，经过存储、传送、排序、归并、计算、转换、检索、制表及模拟等操作，得到人们需要的结果，即产生信息。

（二）数据管理

数据不仅是管理者进行管理、决策的重要依据，而且数据本身也是被管理的资源。

在数据处理中，通常计算比较简单，而数据的管理则比较复杂。现代社会可为我们所利用的数据量呈爆炸性增长，而且数据的种类也在增多。作为一个管理者，不但要使用数据，而且要管理数据。数据管理与运用的好坏，直接影响管理与决策的质量。

因此，数据的管理需要一个通用、高效的管理软件，而数据库技术正迎合了这一需求。

在数据处理中，最基本的工作是数据管理工作。数据管理是其他数据处理的核心和基础。在实际工作中数据管理的地位很重要。从事各种行政管理工作的人，他们所做的管人、管财、管物或管事的工作就是数据管理工作。而人、财、物和事又可统称为事务。在事务管理中，事务以数据的形式被记录和保存。例如，在财务管理中，财务科通过对各种账目的记账、对账或查账等来实现对财务数据的管理。传统的数据管理方法是人工管理，即通过手工记账、算账和保管账的方法实现对各种事务的管理。计算机的发展为科学地进行数据管理提供了先进的技术和手段，目前许多数据管理工作都利用计算机进行，而数据管理也成了计算机应用的一个重要分支。

数据管理工作应包括以下三项内容：①组织和保存数据，即将收集到的数据合理地分类组织，将其存储在物理载体上，使数据能够长期地被保存。②数据维护，即根据需要随时进行插入新数据、修改原数据和删除失效数据的操作。③提供数据查询和数据统计功能，以便快速地得到需要的正确数据，满足各种使用要求。

三、数据库系统的组成

（一）数据库

数据库是统一管理的相关数据的集合。这些数据以一定的结构存放在存储介质中。其基本特点是：数据能够为各种用户共享、具有最小冗余度、数据间联系紧密以及较高的数据独立性等。数据库本身不是独立存在的，它是组成数据库系统的一部分。

数据库的概念实际上包括两层意思：①数据库是一个实体，它是能够合理保管数据的"仓库"，用户在该"仓库"中存放要管理的事务的数据，"数据"和"库"两个概念结合成为"数据库"。②数据库是数据管理的新方法和技术，它能够更合理地组织数据、更方便地维护数据、更严密地控制数据和更有效地利用数据。

数据库中数据的性质如下：①数据整体性：数据库是一个单位或一个应用领域的通用数据处理系统，它存储的是属于企业和事业部门、团体和个人的有关数据的集合。数据库中的数据是从全局观点出发建立的，它按一定的数据模型进行组织、描述和存储，其结构基于数据间的自然联系，从而可提供一切必要的存取路径，且数据不再针对某一应用，而是面向全组织，具有整体的结构化特征。②数据共享性：数据库中的数据是为众多用户共享其信息而建立的，已经摆脱了具体程序的限制和制约。不同的用户可以按各自的用法使用数据库中的数据；多个用户可以同时共享数据库中的数据资源，即不同的用户可以同时存取数据库中的同一个数据。数据共享性不仅满足了各用户对信息内容的要求，同时也满足了各用户之间信息通信的要求。

（二）数据库管理系统

数据库管理系统（Database Management System，简称DBMS）是为数据库的建立、使用和维护而配置的系统软件，是数据库系统的核心。它建立在操作系统的基础上，对数据库进行统一的管理和控制，为用户或应用程序提供访问数据库的方法，包括数据库的建立、更新、查询、统计、显示、打印及各种数据控制。其主要功能如下：

（1）持久存储数据。DBMS支持对独立于应用程序的超大数据量（吉字节或更多）数据长期存储，其数据独立性优于文件系统，并能防止对数据的意外和非授权访问，且在数据库查询和更新时支持对数据的有效存取。

（2）数据定义功能。DBMS允许用户使用专门的数据定义语言（Data Definition Language，简称DDL）对数据库中的数据对象进行定义，如定义或删除模式、索引、视图等，并能保证数据库完整性。

（3）数据操纵功能。DBMS提供合适的查询语言（Query Language，简称QL）或数据操纵语言（Data Manipulation Language，简称DML），用户使用DML可以实现对数据库的基本操作，如查询、插入、删除和修改数据等。

（4）事务管理。DBMS支持对数据的并发存取，即可以同时有很多不同的进程（称为"事务"），为了避免存取错误数据，DBMS必须提供一种机制保证事务正确执行。

（5）数据库的运行管理。数据库在建立、运用和维护时由DBMS统一管理、统一控制，以保证数据的安全性、完整性和多用户对数据库使用的并发控制及发生故障后的系统恢复等。

（6）数据库维护功能。它包括数据库初始数据的输入、转换功能，数据库的转储、恢复功能，数据库的重组织功能和性能监视、分析功能等。

DBMS是数据库系统的一个重要组成部分。DBMS核心技术的研究和实现是三十余年来数据库研究领域所取得的主要成就。我国对DBMS的研究时间不长，但发展迅速，目前已有国产DBMS产品走向商业应用。

（三）数据库系统

数据库系统是指在计算机系统中引入数据库后的系统，一般由数据库、数据库管理系统（及其开发工具）、应用系统和数据库管理员构成。应该指出的是，数据库的建立、使用和维护等工作只靠一个DBMS是远远不够的，还要有专门的人员来完成，这些人被称为数据库管理员（Database Administrator，简称DBA）。

通常在不引起混淆的情况下，人们一般将数据库系统简称为数据库。具体的数据库系统如图1-2所示，数据库系统在计算机系统中的地位如图1-3所示。

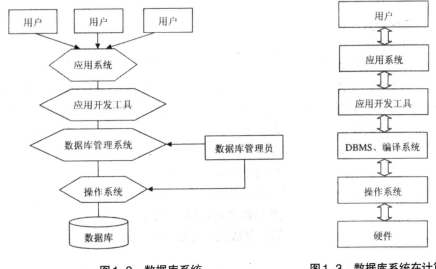

图1-2 数据库系统　　图1-3 数据库系统在计算机系统中的地位

（四）人员

数据库系统人员包括软件开发人员、软件使用人员及软件管理人员。他们是对数据库系统进行全面管理的负责人，相互之间既有不同的数据抽象级别，也有不同的数据视图，因而其职责也有所区别。

（1）软件开发人员。包括系统分析员、系统设计员及程序设计员，他们主要负责数据库系统的开发设计、程序编制、系统调试和安装工作。

（2）软件使用人员。即数据库最终用户，他们通过应用系统的用户接口使用数据库。对于简单用户，主要工作是对数据库进行查询和修改，而高级用户能够直接使用数据库查询语言访问数据库。

（3）软件管理人员。软件管理人员称为数据库管理员，他们负责全面地管理和控制数据库系统。其主要职责如下：①参与数据库系统的设计与建立。②对系统的运行实行监控。③定义数据的安全性要求和完整性约束条件。④负责数据库性能的改进和数据库的重组及重构工作。

四、数据库系统的特点

相对于文件系统，数据库系统具有如下特点。

（一）数据结构化

数据结构化是数据库系统与文件系统的根本区别。在文件系统中，相互独立的文件记录内部是有结构的。传统文件的最简单形式是等长同格式的记录集合。一个文件只能面向一个应用，而一个管理信息系统则涉及许多应用。在数据库系统中，不仅要考虑某个应用的数据结构，还要考虑整个组织的数据结构。

数据结构化要求在描述数据时不仅要描述数据本身，还要描述数据之间的联系。在文件系统中，尽管其记录内部有了某些结构，但记录之间没有联系，一个文件往往只针对某一特定应用，文件之间是相互独立的；数据的最小存储单位是记录，不能细到数据项。在数据库系统中，存在多个数据文件，这些数据文件之间是相互联系的，数据不再只针对某一特定应用，而是面向全组织，具有整体的结构化特点。在某一特定应用中，所用到的是结构化数据中的一个子集。数据库系统存取数据的方式也很灵活，可以存取数据库中的某一数据项或一组数据项、一个记录或一组记录。[①]

---

① 许楠，高秀艳，赵滨. 软件工程中数据库的设计与实现研究 [M]. 长春：吉林大学出版社，2019:12.

（二）数据冗余度低

在文件系统中，每个应用都拥有它各自的文件，即同一数据可能放在不同的文件中，这带来大量的数据冗余。在数据库系统中，数据具有统一的逻辑结构，每一个数据项的值只存储一次，最大限度地控制了数据冗余。所谓控制数据冗余是指数据库系统可以把数据冗余限制在最少，系统也可保留必要的数据冗余。实际上，由于应用业务或技术上的原因，如数据合法性检验、数据存取效率等方面的需要，同一数据可能在数据库中保持多个副本，但是在数据库系统中，冗余是受控的，保留必需的冗余也是系统预定的。

（三）数据共享度高

数据只有实现共享才能发挥更大作用，实现数据共享是数据管理的目标。在人工管理阶段，数据无共享可言；在文件系统阶段，数据只能实现文件级共享，而不能实现系统级共享；在数据库系统中，一个数据可以为多个不同的用户共同使用，即各个用户可以为了不同的目的来存取相同的数据。在数据库系统中，还可以实现数据并发共享，即多个不同的用户可以在同一时间存取同一数据。

（四）数据独立性

数据库的数据独立性包括物理独立性和逻辑独立性。

物理独立性是指用户的应用程序与存储在磁盘上的数据库中的数据是相互独立的，即数据在磁盘上的数据库中怎样存储是由DBMS管理的，用户程序不需要了解，应用程序要处理的只是数据的逻辑结构，即当数据的物理存储改变时，应用程序不用改变。

逻辑独立性是指用户的应用程序与数据库的逻辑结构是相互独立的，也就是说，虽然数据的逻辑结构改变了，但用户程序可以不变。由于数据与程序分离，加之数据的存取由DBMS负责，大大简化了应用程序的开发与设计，减少了应用程序的维护和修改。数据库的数据独立性主要是由数据库系统的二级映像功能来保证的。

（五）数据一致性高

数据一致性是指同一数据的不同复制的值应该是一样的。保持数据的一致性是数据管理的目标之一。在人工管理或文件管理系统中，由于数据被重复存储，不同的应用使用、修改和拷贝时很容易造成数据的不一致。在数据库系统中，数据是共享的，不会出现数据重复存储的现象，或者说这种现象可以在系统中得到控制，减少了由于数据冗余造成的数据不一致性。

数据共享、数据冗余和数据一致性是密切相关的，数据不能共享必然导致数据冗余，而数据冗余必然会造成数据的不一致。

（六）系统弹性大，易扩充

数据库系统中的数据是面向整个系统的，是有结构的数据，不仅可以被多个应用共享使用，而且容易增加新的应用，这就使得数据库系统弹性较大，易于扩充，可以适应各种用户的要求，可以取整体数据的各种子集用于不同的应用系统，当应用需求改变或增加时，只要重新选取不同的子集或加上一部分数据便可以满足新的需求。

（七）数据由DBMS统一管理和控制

DBMS是一个系统软件，是数据库系统得以实施的核心。DBMS支持超大数据的长时间存储，允许用户使用专门的数据定义语言建立新的数据库，并说明它的模式（schema），使用合适的查询语言或数据操作语言可以对数据进行更新和查询，提供数据安全性保护、数据完整性检查、并发控制和数据恢复等功能。

第二节　数据库的SQL语言

一、SQL的发展

SQL的全称是结构化查询语言（Structured Query Language，简称SQL），是用于数据库的标准数据查询语言，IBM公司最早使用在其开发的数据库系统中。1986年10月，美国ANSI对SQL进行规范后，以此作为关系数据库管理系统的标准语言。

SQL是一种数据库查询和程序设计语言，用于存取数据以及查询、更新和管理关系数据库系统。SQL最早是IBM公司的圣约瑟研究实验室为其关系数据库管理系统开发的一种查询语言，其前身是SQUARE语言。

作为关系数据库的标准语言，SQL已被众多商用数据库管理系统产品所采用，不过不同的数据库管理系统在其实践过程中都对SQL规范做了某些编改和扩充。所以，实际上不同数据库管理系统之间的SQL不能完全通用。例如，微软公司的MS SQL-Server支持的是T-SQL，而甲骨文公司的Oracle数据库所使用的SQL则是PL-SQL。[①]

1970年Codd发表了关系数据库理论。

1974年由Boyce和Chamberlin提出SQL的概念。

1975年至1979年IBM公司以Codd的理论为基础开发了"Sequel"，并重新命名为"SQL"。

1979年Oracle公司发布了商业版SQL。

1981年至1984年SQL出现其他商业版本，有IBM公司的DB2、Data General公司的DG／SQL、Relational Technology公司的INGRES。

1986年美国国家标准局（ANSI）颁布了SQL的美国标准，1987年国际标准化组织（ISO）通过了这一标准。这一标准被称为SQL-86。

1989年ANSI公布SQL-89标准。

1992年ANSI公布SQL2标准。

1999年ANSI公布SQL3标准。

1997年之后，SQL成为动态网站（Dynamic Web Content）的后台支持。

2005年，Tim O'eilly提出了Web2.O理念，称数据将是核心，SQL将成为"新的HTM"。

① 王生春，支侃买.SQL Server 数据库设计与应用 [M]. 北京：北京理工大学出版社，2016:34.

2006年定义了SQL与XML（包含XQuery）的关联应用，并且，Sun公司将以SQL为基础的数据库管理系统嵌入Java V6。

二、SQL的优点

SQL语句具有以下优点：

（1）功能强大，能够完成各种数据库操作：能完成合并、求差、相交、乘积、投影、选择、连接等所有关系运算；可用于统计；能多表操作。

（2）书写简单，使用方便（核心功能只用9个动词）。

（3）可作为交互式语言独立使用，也可作为子语言嵌入宿主语言中使用。

（4）有利于各种数据库之间交换数据、有利于程序的移植、有利于实现程序和数据间的独立性、有利于实施标准化。

三、SQL的应用情况

SQL结构简洁、功能强大、简单易学，所以自推出以来，SQL语言得到了广泛的应用。如今无论是像Oracle、Sybase、Informix、SQL Server这些大型的数据库管理系统，还是像Visual Foxporo、Power Builder这些计算机上常用的数据库开发系统，都支持SQL作为查询语言。

下面几点是需要注意的：

①SQL是一种关系数据库语言，提供数据的定义、查询、更新和控制等功能。

②SQL不是一个应用程序开发语言，只提供对数据库的操作功能，不能完成屏幕控制、菜单管理、报表生成等功能，但其可成为应用开发语言的一部分。

③SQL不是一个DBMS，是属于DBMS的语言处理程序。

五、SQL的主要功能

SQL的主要功能包括四类：

（1）数据定义语言（DDL）。数据定义语言指创建、修改或删除数据库中的各种对象，包括表、视图、索引等。

命令：CREATE、ALTER、DROP。

常用的数据定义语句见表1-1。

表1-1 常用的数据定义语句

操作对象	创建语句	删除语句	修改语句
基本表	CREATE TABLE	DROP TABLE	ALTER TABLE
索引	CREATE INDEX	DROP INDEX	
视图	CREATE VIEW	DROP VIEW	
数据库	CREATE D ATA BASE	DROP DAIABASE	AIJER DATABASE

（2）查询语言（QL）。查询语言指按照指定的组合、条件表达式或排序检索数据库中已存在的数据，不改变数据库中的数据。

命令：SELECT。

（3）数据操纵语言（DML）。对已经存在的数据库进行记录的插入、删除、修改等操作。

命令：INSERT、UPDATE、DELETE。

（4）数据控制语言（DCL）。用来授予或收回访问数据库的某种特权。

命令：GRANT、REVOKE。

第三节　数据库的数据模型

数据库是一个单位或组织需要管理的全部相关数据的集合，这个集合被长期存储在计算机内，并且是有组织的、可共享的和被统一管理的。在数据库中不仅要反映出数据本身的内容，还要反映数据之间的联系。由于计算机不可能直接处理现实世界中的具体事物，所以必须使用相应的工具，先将具体事物转换成计算机能够处理的数据，然后再由计算机进行处理。这个工具就是数据模型，它是数据库系统中用于提供信息表示和操作手段的形式构架。

自1968年由IBM公司推出世界上第一个数据库管理系统IMS层次模型以来，数据模型一直受到数据库工作者们的关注。它经历了几个大的阶段：20世纪60年代末到70年代初是面向记录的模型，如层次数据模型、网状数据模型；70年代初成功开发出关系模型，从而使数据库进入一个新的"关系"时代；80年代是数据模型的高产年代，在此期间开发出了各种语义的、扩展关系的、逻辑的、函数的、面向对象的数据模型，形成了一个数据模型谱系，如图1-4所示。

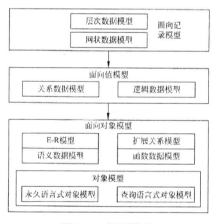

图1-4 数据模型

数据模型是用来描述数据的一种数学形式体系。作为一种数据库的数据模型，它包括了三种基本工具：①一个描述数据、数据联系、数据语义学的概念及其符号表示系统；②一组用来处理这种数据的操作；③一组关于这些数据（包括结构与操作）的约束。

数据模型应满足三方面要求：一是能比较真实地模拟现实世界；二是容易为人所理解；三是便于在计算机上实现。一种数据模型要全面地满足这三方面的要求在目前尚很困难。因此，在数据库系统中针对不同的使用对象和应用目的，要采用不同的数据模型。

如同在建筑设计和施工的不同阶段需要不同的图纸一样，在开发数据库应用系统时也需要使用不同的数据模型：概念模型、逻辑模型和物理模型。

根据模型应用的不同目的，可以将这些模型划分为两类，它们分别属于两个不同的层次。第一类是概念模型，第二类是逻辑模型和物理模型。

第一类概念模型（Conceptual Model），也称信息模型，它是按用户的观点来对数据和信息建模，主要用于数据库设计。

第二类中的逻辑模型主要包括层次模型（Hierarchical Model）、网状模型（Network Model）、关系模型（Relational Model）、面向对象模型（Object Oriented Model）和对象关系模型（Object Relational Model）等。它是按计算机系统的特点对数据建模，主要用于DBMS的实现。

第二类中的物理模型是对数据最低层的抽象，它描述数据在系统内部的表示方式和存取方法，在磁盘或磁带上的存储方式和存取方法，是面向计算机系统的。物理模型的具体实现是DBMS的任务，数据库设计人员要了解和选择物理模型，一般用户则不必考虑物理级的细节。

数据模型是数据库系统的核心和基础。各种机器上实现的DBMS软件都是基于某种数据模型或者说是支持某种数据模型的。

为了把现实世界中的具体事物抽象、组织为某一DBMS支持的数据模型，人们常常首先将现实世界抽象为信息世界，然后将信息世界转换为机器世界。也就是说，首先把现实世界中的客观对象抽象为某一种信息结构，这种信息结构并不依赖于具体的计算机系统，不是某一个DBMS支持的数据模型，而是概念级的模型；然后再把概念模型转换为计算机上某一DBMS支持的数据模型，这一过程如图1-5所示。

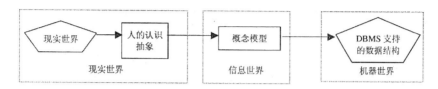

图1-5 从现实世界到机器世界的过程

数据库系统是用数据模型来对现实世界进行抽象的，数据模型是提供信息和操作手段的形式框架。数据模型根据应用的目的不同，分为两个层次：概念模型（或信息模型），是按用户观点对数据和信息的建模；数据模型（如关系模型），是按计算机观点对数据建模。

概念模型用于信息世界的建模，强调语义表达能力，能够较方便、直接地表达应用中的各种语义知识，应当概念简单、清晰、易于用户理解。概念模型主要用于用户和数据库设计人员之间的交流。

数据模型用于描述数据世界，有严格的形式化定义和限制规定，便于在计算机上实现，它是数据库系统的数学基础，不同的数据模型构造出不同的数据库系统。如层次数据模型构造出层次数据库系统（以IMS为代表），网状模型构造出网状数据库系统（以DBTG为代表），关系模型构造出关系数据库系统（以ORACLE为代表）。

数据模型应满足三个要求：①能比较真实地模拟现实世界。②容易为人所理解。③便于在计算机上实现。

一、数据模型的组成要素

数据模型是一组严格定义的概念的集合。这些概念精确地描述了系统的静态特性、动态特性和完整性约束条件（integrity constraints）。因此，可以说数据模型是由数据结构、数据操作和完整性约束三部分组成。

（一）数据结构

数据结构描述数据库的组成对象以及对象之间的联系，其一般由两部分组成：与对象的类型、内容、性质有关的，如网状模型中的数据项、记录，关系模型中的域、属性、关系等；与数据之间联系有关的，如网状模型中的系型（Set Type）。

数据结构是所描述的对象类型的集合，是对系统静态特性的描述。通常，在数据库系统中，人们都是按照其数据结构的类型来命名数据模型的，如层次结构、网状结构和关系结构的数据模型分别命名为层次模型、网状模型和关系模型。

（二）数据操作

数据操作是指允许对数据库中各种对象（型）的实例（值）执行的操作的集合，包括操作及有关的操作规则。

常见的数据操作主要有两大类：查询和更新（包括插入、删除、修改）、数据模型定义的操作。

（三）完整性约束

数据的完整性约束条件是一组完整性规则的集合。完整性规则是给定的数据模型中数据及其联系所具有的制约和依存规则，用于限定符合数据模型的数据库状态以及其变化，以确保数据正确、有效、相容。

通常，数据模型应该反映和规定本数据模型必须遵守的基本的、通用的完整性约束条件。此外，数据模型还应该提供定义完整性约束条件的机制，以反映具体应用所涉及的数据必须遵守的特定语义约束条件。

二、概念模型

概念模型是反映实体之间联系的模型，是现实世界到信息世界的第一层抽象，是数据库设计人员进行数据库设计的有力工具，也是数据库设计人员和用户交流的语言。

概念模型的表示方法为E-R方法。E-R方法也称为实体-联系方法（Entity-Relationship Approach）或 E-R模型，即用E-R图来描述现实世界的概念模型。

运用E-R模型设计数据库系统逻辑结构时，通常可分为如下两步：

（1）将现实世界的信息及其联系用E-R图描述出来，这种信息结构是一种组织模式，与任何一个具体的数据库系统无关。

（2）根据某一具体系统的要求，将E-R图转换成由特定的DBMS支持的逻辑数据结构。

E-R模型是各种数据模型的共同基础，也是现实世界的纯粹表示，它比数据模型更一般、更抽象、更接近现实世界。E-R模型包含三个基本成分：实体、联系和属性。在E-R图中，实体以长方形框表示，实体名写在框内；联系以菱形框表示，联系名写在菱形框内，并用连线分别将相连的两个实体连接起来，可以在连线旁写上联系的方式（如一对多、多对多等）；属性以椭圆形框表示，属性名写在其中，并用线与相关的实体或联系相连接，表示属性的归属。值得一提的是，不仅实体有属性，联系也可以有属性。

三、层次模型

层次模型是数据库中最早出现的数据模型，它采用树形结构来表示实体与实体之间的联系。在这种模型中，数据被组织成由"根"开始的"树"，每个实体由根开始沿着不同的分支放在不同的层次上。树中的每一个结点代表实体型，连线则表示它们之间的关系。根据树型结构的特点，要建立数据的层次模型需要满足两个条件：①有且只有一个结点没有父结点，这个结点即根结点。②根结点以外的其他结点有且仅有一个父结点。[①]

如图1-6所示为一个层次模型的结构图。从图中可以看出，层次模型像一棵倒立的树，各子节点的父节点是唯一的。事实上，现实世界中许多实体间的联系本身就是自然的层次关系。如一个单位的行政机构、一个家庭的世代关系等。

---

① 李明仑，张洪明.网络数据库设计与管理项目化教程 [M].北京：科学技术文献出版社，2015:66.

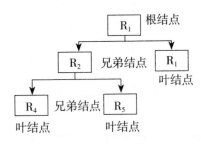

图1-6 层次模型结构图

层次模型具有层次清晰、构造简单、易于实现等优点。在层次模型中，每个节点表示一个记录类型，记录（类型）之间的联系通过节点之间的连线来表示，这种联系是父子之间的一对多的联系。这就使得层次数据库系统比较方便地表示出一对一和一对多的实体联系，而不能直接表示多对多的实体联系。对于多对多的联系，必须先将其分解为几个一对多的联系，才能表示出来。这也正是层次模型结构的局限性。

采用层次模型来设计的数据库称为层次数据库，如IBM公司的IMS系统就是一个典型的代表，这是世界上最早出现的大型数据库系统。

四、网状模型

在现实世界中，事物之间的联系更多的是非层次关系，用层次模型不能很直接地表示非树型结构，而采用网状模型则正好可以克服这一缺点。

网状数据模型用以实体型为结点的有向图来表示各实体及其之间的联系。其特点是：

（1）允许有一个以上的结点无父结点。

（2）一个结点可以有多于一个的父结点。

图1-7中的三幅图片描述的都是网状数据模型。

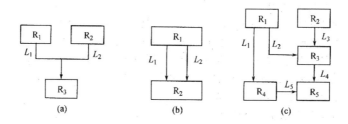

图1-7 网状数据模型

与层次模型一样，网状模型中每个结点表示一个记录类型（实体），每个记录类型可包含若干个字段（实体的属性），结点间的连线表示记录类型（实体）之间一对多的父子联系。但是网状模型是一种比层次模型更具普遍性的结构。它去掉了层次模型的两个限制，允许多个结点没有父结点，允许结点有多个父结点。此外它还允许两个结点之间有多种联系。因此，网状模型可以比层次模型更直接地去描述现实世界。从某种程度分析，层次模型可以看成是网状模型的一个特例。

网状数据模型的操作主要包括查询、插入、删除和更新数据。尽管网状数据模型没有层次模型那么严格的完整性约束条件，但具体的网状数据库系统都对数据做了一些严格的限制，并提供了一套完整性约束，在进行数据操作时要满足这些网状模型的完整性约束条件。条件如下：

（1）插入操作允许插入尚未确定父结点值的子女结点值。

（2）删除操作只允许删除父结点值。

（3）更新操作时只需更新指定记录。

（4）查询操作可以有多种方法，可根据具体情况选用。

在网状数据模型的存储结构中，关键是如何实现记录之间的联系。目前，最常用的方法是链接法，如单向链接、双向链接、环状链接、向首链接等。此外，还有指引元阵列法、二进制阵列法、索引法等，选择时可根据具体系统进行。

综上所述，网状数据模型的优点主要有：①能够更为直接地描述现实世界，如一个结点可以有多个双亲，结点之间可以有多种联系等。②具有良好的性能，存取效率较高。

但是网状数据模型的结构比较复杂，而且随着应用环境的扩大，数据库的结构变得越来越复杂，不利于最终用户掌握。而且，其DDL、DML复杂，并且要嵌入某一种高级语言，不易于用户掌握和使用。另外，由于记录之间的联系是通过存取路径实现的，应用程序在访问数据时必须选择适当的存取路径，而用户则必须要了解系统结构的细节，这样就加重了编写应用程序的负担。

五、关系模型

关系模型是目前最重要的一种数据模型之一，于1970年由美国IBM公司San Jose研究室研究员Codd首次提出。该数据模型开创了数据库的新模式。关系数据库系统采用关系模型作为数据的组织方式，鉴于关系数据库系统的影响，许多非关系系统产品中也都加上了关系接口。

关系模型与以往的模型不同，它是建立在严格的数学概念基础上的。从用户观点看，关系模型由一组关系组成，每个关系的数据结构是一张规范化的二维表，用来表示实体集。二维表则由多行和多列组成。下面列出了关系模型中的一些术语。

· 关系（relation）：一个关系就是通常说的一张二维表。

· 元组（tuple）：表中的一行即为一个元组。

· 属性（attribute）：表中的一列即为一个属性，给每一个属性起一个名称即属性名。

· 关系模式（relation mode）：是对关系的描述。通常，关系模式可表示为关系名（属性1，属性2，…，属性n）。

· 域（domain）：属性的取值范围称为域。

· 分量（element）：元组中的一个属性值称为分量。

在关系模型中，键占有重要地位，主要有下列几种键：

· 超键（super key）：在一个关系中，能唯一标识元组的属性集。

· 候选键（candidate key）：一个属性集能够唯一标识元组，且不含多余属性。

· 主键（primary key）：关系模式中用户正在使用的候选键。

· 外键（foreign key）：如果模式R中某属性集是其他模式的主键，那么该属性集对模式R而言是外键。

关系模型要求关系必须是规范化的。所谓的规范化是指关系模型要满足一定的规范条件。尽管规范条件很多，但其中最基本的一条就是，关系的每一个分量必须是一个不可分的数据项。

关系模型中的数据操作是集合操作，操作对象和操作结果都是关系。为了维护数据库中数据与现实世界的一致性，必须满足一定关系的完整性约束条件。关系的完整性约束条件包括三大类：实体完整性、引用完整性和用户定义。

· 实体完整性规则：要求关系中的元组在组成主键的属性上不能有空值。如果出现空值，那么主键值就不能保证唯一标识元组。

· 引用完整性规则：不允许引用不存在的元组。

· 用户定义的完整性规则：某一具体数据的约束条件，一般由环境决定，某一具体应用所涉及的数据必须满足语义要求。

通常，系统中会提供关于完整性规则的定义和检验，以便使用统一的方法处理它们，从而将应用程序从这项工作中解放出来。

在关系数据模型中，往往是用表来表示实体及实体间的联系。在关系数据库的物理组织中，关系以文件形式存储。一些小型的关系数据库管理系统采用直接利用操作系统文件的方式实现关系存储，一个关系对应一个数据文件。有时，为了提高系统性能，许多小型关系数据库管理系统也会独立设计文件结构、文件格式和数据存取机制进行关系存储，以保证数据的物理独立性和逻辑独立性，以便更有效地保证数据的安全性和完整性。

与其他非关系模型相比，关系数据模型具有如下特点：

（1）关系模型建立在严格的数学基础上，关系运算的完备性和规范化设计理论为数据库技术的成熟奠定了基础。

（2）关系模型的概念单一，具有高度的简明性和精确性。

（3）关系模型的存取路径对用户隐蔽，这样用户操作时可以完全不必关心数据的物理存储方式。

（4）关系模型中的数据联系是靠数据冗余实现的，这使得关系的空间效率和时间效率都较低。

（5）关系数据库语言与一阶谓词逻辑的固有内在联系，为以关系数据库为基础的推理系统和知识库系统的研究提供了方便，并成为新一代数据库技术不可缺少的基础。

第四节 数据库技术及其发展趋势

一、数据库技术

随着数据库技术在各行各业的广泛深入应用，传统数据库技术已经不能满足新的应用需求，人们开始不断研究和开发新的数据库理论、技术和产品，构建新一代的数据库系统。

数据库技术的发展与计算机技术的发展密切相关。而数据库技术与其应用领域相结合，就成为新一代数据库技术的显著特征。例如，为适应某专门领域的需求而研究和开发的适应该应用领域的数据库技术，如工程数据库、统计数据库、科学数据库、地理数据库、空间数据库等，除了具有数据库技术的特点外，还都具有某一专门领域的重要特征。[①]

（一）分布式数据库

1. 分布式数据库系统的定义

分布式数据库（Distributed Database，简称DDB）是数据库技术与通信

---

① 傅仁毅.数据库设计与性能优化 [M].武汉：华中科技大学出版社，2010:102.

技术相结合的产物，是信息技术领域备受重视的分支之一。如今，只要是涉及地域分散的信息系统都离不开分布式数据库系统，此项技术有着广阔的应用前景。相信随着分布式数据库管理系统（Distributed Database Management System，简称DDBMS）日趋成熟，其功能将更加强大，使用将更加方便，更好地满足用户的需求。

在分布式数据库系统中应该区分分布式数据库、分布式数据库管理系统和分布式数据库系统这三个基本概念。

（1）分布式数据库。关于分布式数据库有一个粗略的定义："分布式数据库是物理上分散在计算机网络各结点上，逻辑上属于同一系统的数据集合。"

定义对以下两点做了强调：

①数据分布性。即数据在物理上不是仅存储在一个结点上，而是按照全局需要分散地存储在计算机网络的各个结点上。这一点可以作为它和集中数据库的区别。

②逻辑相关性。即所有的局部数据库在逻辑上具有统一的联系，在逻辑上是一个整体。

分布式数据库的数据分布性和逻辑相关性表明，计算机网络中的每一个结点要具有完成局部应用的自治处理能力，同时还要具有通过计算机网络处理存取多个结点上的数据的全局应用能力，即具有自治站点间合作的能力。

（2）分布式数据库管理系统（DDBMS）。DDBMS是建立、管理和维护分布式数据库的一组软件系统。分布式数据库管理系统是分布式数据库系统的核心，也是用户与分布式数据库之间的界面。

分布式数据库管理系统应具有以下四个基本功能：

①实现应用程序对分布式数据库的远程操作，包括更新和查询操作等。

②实现对分布式数据库的管理和控制，包括目录管理、完整性管理和安全性控制等。

③实现分布式数据库系统的透明性，包括分片透明性、位置透明性、数据冗余透明性和数据模型透明性等。

④实现对分布事务的管理和控制，包括分布事务管理、并发控制和故障恢复等。

DDBMS的体系结构、数据分片与分布、冗余的控制（多副本一致性维护与故障恢复）、分布查询处理与优化、分布事务管理、分布并发控制以及安全性等都是DDBMS要研究的主要内容。

（3）分布式数据库系统。分布式数据库系统（Distributed Database System，简称DDBS）是实现有组织地、动态地存储大量的分布式数据、方便用户访问的计算机软件、硬件、数据和人员组成的系统。它包括五个组成部分：分布式数据库、分布式数据库管理系统、分布式数据库管理员、分布式数据库应用程序以及用户。

分布式数据库系统是建立在计算机网络基础之上的，其运行环境是由多个地理位置各异的计算机通过通信设备连接而成的网络环境。它既可以建立在以局域网连接的一组工作站上，也可以建立在广域网的环境中。

2. 分布式数据库系统的特点

分布式数据库系统是在集中式数据库系统技术的基础上发展起来的一种新型的、在分布式环境下建立的数据库系统。因此，它除了具有集中式数据库系统的特点之外，还具有如下一些固有的特征。

（1）自治性与共享性。在分布式数据库系统中数据的共享有两个层次：局部共享和全局共享。如果用户只使用本地的局部数据库，这种应用称为局部应用，该用户称为局部用户；如果用户使用分布在各个结点的全局数据库，这种应用称为全局应用，该用户称为全局用户。因此，相应的控制机构也具有两个层次：集中和自治。分布式数据库系统的自治性，实现对局部数据库的管理；更为重要的是通过进行控制，实现全局资源的共享性。

（2）事务的分布性。事务是数据库访问的一个不可再分割的原子单位。大型数据分布在多个站点上，数据的分布性必然造成事务执行和管理也具有分布性，即一个全局事务的执行要分解为在多个结点上执行的子事务（即局部事务），子事务的执行结果再合成为全局事务的结果。由于事务的分布性，给事务管理带来了复杂性，需要解决全局事务的原子性、并发控制等一系列问题。

（3）数据的冗余性。由于冗余数据不仅造成存储空间的浪费，还会造成各数据副本之间的不一致性，所以，在集中式数据库系统中，要强调尽量减少数据的冗余。但在分布式数据库系统中，则允许适当的冗余，即将数据的多个副本重复地驻留在常用的结点上，以减少数据传输的成本。这是因为：提高系统的可靠性、可用性，避免一处故障造成整个系统瘫痪；提高系统性能，多副本的冗余机制能够降低通信代价，且可提高系统的自治性。当然，数据的冗余将会增加数据一致性维护与故障恢复的工作量，因此需要合理地配置副本并进行一致性的维护。

（4）查询处理的复杂性。分布式数据库系统中的查询是对全局数据的，必须先将全局查询分解为对存储在各个结点上局部数据的子查询，然后再将子查询的结果连接起来形成全局查询的结果。因此，在查询处理中不但要进行查询的分解，还需要进行优化，即对全局查询进行等价变换和查询路径的优化，以形成一个高效的分布查询执行方案。在查询优化中需要重点考虑由于数据分布而带来的通信代价，并需使用相应的优化策略和等价变换律。

（5）数据的透明性。实现数据的透明性是数据库技术的一个重要目标，即数据的逻辑结构和物理存储对用户是透明的。在分布式数据库系统中需要实现以下多种类型的分布透明性：

①分片透明性。分片是分布式数据库系统的特性之一，即一个全局数据库要根据实际需求按照水平、垂直或水平与垂直混合的方法划分为多个片段，然后再将各个片段分配到不同的结点存储。数据分片透明性将使得用户不必了解如何划分片段的细节，只需要关心数据库的全局模式。

②位置透明性。又称为分布透明性，即数据片段的存储位置对用户是透

明的，用户无须了解数据片段是如何分配到各个结点上的，也不必关心所访问数据的存放位置。数据分布透明性可以归入数据物理独立性的范围。

③数据模型透明性。即存储在多个结点上的局部数据库允许采用不同的数据模型，但用户无须了解其细节，只要使用分布式数据库系统所提供的全局数据模型即可。对于异构的数据模型，系统将自动地转换为公共的数据模型。

④数据冗余透明性。即用户无须了解数据建立了几个副本，它们如何在不同的结点冗余地存储，也无需对副本进行一致性维护，这些工作将由系统自动完成。

3. 分布式数据库系统的分类

分布式数据库系统的分类没有统一的标准，比较受大家认同的有按照各结点上的数据库管理系统及使用的数据模型、按照各结点的自治性和按照分布透明性等来分类。通常大都采用第一种方式对分布式数据库系统进行分类，这样，分布式数据库系统可分为以下三种类型：

①同构同质型。即在各个结点上的数据库的数据模型采用同一类型和同一种型号。

②同构异质型。即在各个结点上的数据库的数据模型采用同一类型不同型号。

③异构异质型。即在各个结点上的数据库的数据模型采用不同类型不同型号。

对于同构异质型和异构异质型的分布式数据库系统，需要实现数据模型的透明性，以自动地进行数据模型之间的转换。

（二）主动数据库

主动数据库是相对于传统数据库的被动性而言的。尽管传统数据库在数据库的存储与检索方面取得了骄人的成绩，但其数据库本身是被动的。而在许多实际的应用中，人们常常希望数据库系统在紧急情况下能够根据数据库的当前状态，主动地作出反应，并向用户提供有关信息。传统数据库很难满足这些主动要求。因此，人们在传统数据库基础上，结合人工智能和面向对象技术提出了主动数据库。主动数据库除了具有传统数据库的被动服务功能之外，还具有主动进行服务的功能。

简单地说，主动数据库系统（Active Database Systen，简称ADBS）即为将"被动的"数据库系统扩展成具有反应行为（reactive behavior）功能的数据库系统。从功能的角度出发，一个主动数据库系统是由一个传统的数据库系统和一个事件驱动知识库以及相应的事件监测模块组成，可以形式化地描述为：

$$ADBS=DBS+EB+EM$$

其中，DBS主要用来存储、维护以及管理传统数据库系统；EB是一个由事件驱动的知识库，其中每一项知识表示在相应的事件发生时，如何（何时、何地）来主动地执行用户预先定义的动作；EM是在数据库应用程序运行的过程中，监测数据库的状态变化，一旦EB中定义的事件发生就主动地触发系统，按照EB中指明的相应知识执行其中预先定义好的动作，从而实现主动功能。由上可以看出，主动数据库的知识库（或规则库）是实现主动功能的关键，EB中知识的不同，也就决定了不同的主动功能的实现。主动数据库的主要设计思想是要用一种统一而方便的机制来实现对应用主动性功能的需求，即使得系统能够使用统一的方法将各种主动服务功能与数据库系统整合起来，同时也增强了数据库系统的自我支持能力。

1. 基本概念

（1）主动规则。目前，在主动数据库中，知识大多数都采用由事件驱动的"事件-条件-动作"的形式规则来表示，所以又简称E-C-A规则（Event—Condition-action，简称E-C-A）。E-C-A是主动数据库系统中的关键。

在主动规则中，事件（Event）既可以是数据操作事件（数据库系统内部的事件），也可以是系统外部反馈给系统的事件；条件（Condition）就是对当前数据库状态的一个请求，通常表达为谓词、数据库查询语句；动作（Action）通常表示为一组数据库更新操作或包含一组数据库更新操作的过程。

　　规则的基本运作方式是，一旦系统检测到相应规则事件发生，就会在特定时刻检查规则的条件，如果条件满足，则执行相应的动作。除了三要素之外，主动规则还包含一些基本语义说明，如优先级、规则耦合方式等，统称为规则属性。规则属性决定着系统对规则三要素的不同处理方式，如何时检查规则条件等。通常情况下，规则定义为：

```
define rule<rule_name>
        event  <event_clause>
        condition<condition>
action    <action>
coupling mode（<coupling>，<coupling>）
priorities（before|after）<rule—name>
interrupt<interrupt>
interruptible（<interruptible，interruptible>）
```

　　在规则定义好之后，主动数据库系统监视相关的事件。当监测到相关事件发生时，系统就会通知负责处理规则执行的组件，来处理规则条件的评价和规则动作的执行。主动数据库管理系统提供规则定义语言（rule definition language）来定义E-C-A规则，用户可以用该语言来指定规则的事件、条件及动作。

　　规则触发后，系统需要确定规则在何时开始执行以及规则执行时应当具有什么样的属性，这就是所谓的规则执行模型（execution model）。

　　一般情况下，事件发生在事务内，规则也在事务内执行。如果一个事件在事务内发生并且触发了规则，则该事务称为触发事务（triggering transaction）；负责规则执行的事务称为被触发事务（triggered transaction）。

　　执行模型确定触发事务和被触发事务的提交和夭折，以及规则执行的并发控制和恢复。

　　（2）事务。事务是用户定义的一个数据库操作序列，这些操作要么全做要么全都不做，是一个不可分割的工作单位。

事务的开始和结束可由用户控制。如果用户未定义，就由数据库关系系统按照缺省规定自动划分事务。

通常情况下，事务具有原子性、持久性、一致性以及隔离性的特点。

（3）事件。事件是在数据库运行过程中某一特定时刻的一个对系统有意义的发生（事情只有发生和不发生两种状态）。

事件能够体现与数据库系统相关的动作或状态变化。它可以是一种数据库操作、事件行为、事务管理活动以及和外部环境的交互活动或系统的其他活动。

在时间线上，一种事件类型的事件能够发生零次或若干次。所谓的时间线，是指一条表明事件发生先后顺序的直线，它是以0开始的，用非负数的、等距离的、离散的时刻来表示事件的发生。时间线的粒度可以根据系统和实际情况的需要来确定。时间间隔表示的是两个绝对点的时间段。

事件可以分为原子事件和复合事件。原子事件是系统预定义的事件的有限集，具有原子性。原子事件还进一步分为对象事件、事务事件、时序事件、方法事件、外部事件。复合事件是利用系统规定的事件操作符将若干成分事件（原子的或复合的）联结起来，作为单个事件处理，即为复合事件。构造复合事件的事件成为成员事件。复合事件的发生也具有原子性，可以使用事件修饰符来界定具体发生时刻。

2. 主动数据库管理系统的特性

任何一种数据库系统都必须具有其相应的数据库管理系统来完成数据库数据的定义、操作、维护。通过构建系统的反应机制，主动数据库管理系统（ADBMS）除了完成上述功能之外，还需要具有对任意事件表达式进行监测并执行相应动作的功能，来扩展"被动"数据库管理系统。主动数据库管理系统应当具有如下特性。

（1）E-C-A规则定义特定。

1）一个ADBMS必须首先是一个DBMS。无论是面向关系数据库还是对象数据库或是其他的被动数据库中，其所有要求对于主动数据库管理系统也同样适用。如建模工具、查询语言，多用户访问和恢复等。言下之意，如果用户不使用主动数据库管理系统功能，ADBMS的使用应当和被动的DBMS一样。

2）ADBMS必须有一种E-C-A规则模型（E-C-A rule model）。主动数据库管理系统通过使用反应行为（reactive behavior）有效扩展了"被动的"数据库管理系统。反应行为必须是用户可以自行定义的，定义规则的方法称为E-C-A规则模型。E-C-A规则模型与数据定义工具统称为知识模型。E-C-A规则模型的使用意味着以下三个特性。

·ADBMS必须提供方法来定义事件类型；

·ADBMS必须提供方法来定义条件；

·ADBMS必须提供方法来定义动作。

3）ADBMS必须能够支持对规则的管理以及规则库的更新。ADBMS在必须支持对规则库的管理、更新的基础上，也必须能够支持对规则的活化和惰化。

（2）E-C-A规则执行特定。

1）一个ADBMS必定要有一种执行模型。

·ADBMS必须能够监测事件的发生；

·ADBMS必须能够执行条件评价；

·ADBMS必须能够执行动作。

2）ADBMS必须能实现消耗模式。若一个ADBMS支持复合事件，则这个ADBMS必须实现某种事件消耗模式。事件消耗模式决定一个复合事件由哪些成员事件构成，以及复合事件的参数应当如何计算。不同的应用可能需要不同的事件消耗模式，如"最近的""时间顺序的""连续的""累积的"等。一个ADBMS或者支持一个固定的消耗模式，或者允许用户在某些消耗模式之间进行一定的选择。

3）ADBMS必须能够提供不同的耦合模式。触发事务与被触发事务之间的关系（被触发事务相对于触发事务的开始时间点，以及它们之间的依赖关系）通常使用耦合模式进行描述，一般包括以下三种：立即模式、延迟模式和分离模式。

4）ADBMS必须能够管理事件历史。事件历史（event history）包含所定义的事件类型发生的所有事件（包括复合事件的成员事件）。管理事件历史在第一个事件发生被检测到时开始。

5）ADBMS必须有实现冲突解决的方法。当存在多个触发事务需要在同一个时刻执行的时候，ADBMS就需要有解决冲突的方法。

（3）ADBMS可用性和应用特性。

1）ADBMS应当提供一个可编程的环境。这个特性并不是主动数据库管理系统必须具备的，而是为了帮助用户更好地使用主动数据库管理系统，ADBMS应当提供以下一些工具：

· 规则浏览工具；

· 规则设计工具；

· 规则库分析工具；

· 调试工具；

· 维护工具；

· 跟踪工具；

· 性能优化工具。

2）ADBMS应当是可以优化的（tunable）。一个ADBMS必须在其应用领域是可用的。特别是，对一个应用来说，采用主动数据库管理系统的解决方案与采用被动数据库管理系统的解决方案比起来，不应当有明显的性能上的损失。显然，如果系统能够对所定义的规则库进行优化（当然，规则集合的语义不会在优化时被改变）的话，将会是非常有用的。

3. 主动规则的知识模型

主动规则的知识模型指的是具体如何描述系统的主动规则，指明系统中主动规则的表现形式。为了详细阐述主动规则的知识模型，可以给出一种主动规则语言的语法。但由于目前尚不存在一种通用的或标准的主动规则语言，所以现有的任何一种主动规则语言都不足以刻画、描述主动数据库的知识模型，但可以通过一系列的维度来刻画、描述主动规则的知识模型，而且这种描述很明确。它比通过主动规则语言描述知识模型能够更加清晰地反映出主动数据库的本质特点。所以本书通过一系列的刻画、描述主动规则的维度给出主动数据库系统规则的知识模型。表1-2给出了主动规则知识模型的描述范畴。

表1-2　知识模型的描述范畴

事件 （Event）	事件来源⊂{结构操作事件，行为调用事件，事务事件，抽象或用户自定义事件，异常情况事件，对象时间，时钟事件，外部事件} 事件粒度⊂{集合，子集，成员} 事件的类型⊂{原子事件，复合事件} 消耗策略⊂{最近的，连续的，顺序的，累积的} 事件操作⊂{OR，AND，Seq，Closure，Times，NOT} 事件角色∈{可选择方式，取消方式，强制方式}
条件 （Condition）	条件角色∈{可选择方式，取消方式，强制方式} 条件语境⊂{当前事务开始时的数据库，事务发生时的数据库，条件被评价时的数据库，动作执行时的数据库}
动作 （Action）	操作选择方式⊂{数据操作，规则操作，外界操作，子功能调用，取消，通知，操作取代} 数据访问范围⊂{DB_T，$Bind_E$，$Bind_C$，DB_E，DB_C，DB_A}

需要说明的是，本书的主动规则采用E-C-A规则：事件、条件、动作。

（三）移动数据库

随着便携式计算机与无线通信技术的结合，在数据通信领域中出现了一项新技术——移动计算（mobile computing）。移动计算环境使得计算机或其他信息设备在没有固定的物理连接的情况下能够进行数据的传输和处理，从而促进了无线技术与分布式数据库应用的融合，形成了移动数据库系统MDBS（Mobile Database System）。所谓移动数据库就是支持移动计算的数据库。它能满足人们的Wh-er[4]（Wherever，Whenever，Whatever，Whoever）式应用要求，是数据库技术、移动通信及分布式计算技术等多学科领域的交叉科学融合。它通常用在诸如手提或掌上计算机、PDA、移动电话、车载设备、舰（船）载装置、飞行装置等移动和嵌入式环境。

移动数据库系统展现了其日益广阔的应用前景，并在越来越多的领域中发挥着不可替代的作用。移动数据库技术正在给信息产业带来一场深刻的变革，并逐渐成为以应用驱动为主要特征的新技术浪潮的主角之一。

1. 移动数据库的产生背景

近年来，随着网络技术、移动通信技术和分布式数据库技术的发展，以及移动设备的广泛应用，移动计算环境逐渐成为分布式数据库技术新的研究和应用环境，移动计算环境下的分布式数据库系统也就应运而生。

移动数据库的产生是如下两种因素交互作用的结果。

（1）应用需求是移动数据库技术发展的源动力。应用需求的推动是导致一切技术发展的根源。随着信息社会的飞速发展，人们对使用信息的场合、时间、方式、方法都提出了越来越多的要求，这些需求的出现促进了移动数据库技术的发展。其主要体现在：对活动范围的扩展、商务领域的需求、数字化信息服务的发展、军事领域的特殊要求等方面。

（2）通信、硬件及相应软件技术的发展为移动数据库的产生提供了强有力的技术保障。近年来，通信技术和硬件技术的发展呈加速的趋势，相应的软件技术也获得了巨大的发展，这使得移动数据库技术有了可靠的技术保障。其主要体现在：无线通信技术的发展、硬件技术的发展、相应软件技术的发展等方面。

移动数据库技术在以上两种因素交互作用下已经在许多领域中获得了巨大的成功，并涌现出了许多令人耳目一新的实用系统。如新加坡Comfort Service中心基于GPS的出租车自动派遣系统，IBM公司、Rank Xerox公司、Sears公司的技术服务人员派遣及实时数据采集系统等。移动数据库技术的应用不仅体现在这些方面，在下列领域也显示出广阔的应用前景：

①零售业。销售人员利用手持设备帮助用户了解需要的信息，随时填写订单，及时反馈给总部，为用户提供更周到细致的服务。

②医疗卫生。医生在出诊时利用手持设备可以避免携带大量的病历，也可以在家中随时获取病人的信息，及时作出诊断。

③制造业。工程师利用手持设备即可到现场维修服务，无须携带大量的资料。以航空制造业为例，技术人员在进行飞机检修时，通过手持设备即可随时获得正被检修的这架飞机的详细资料，迅速解决问题。

④金融业。经纪人或个人用户可以利用手持设备随时随地查询金融信息，并及时地将自己的交易提交给主服务器，动作迅速，减少错误。

掌上电脑配合无线移动通信和GPS技术，可以用于智能交通管理、大宗货物运输管理、消防现场作业等。

此外，移动数据库技术还可广泛用于机顶盒、手机等领域，实现基于Internet的信息访问和存储。

2. 移动数据库系统的特性

移动数据库是一种动态分布式数据库系统，具有如下基本特点：

（1）移动性。在计算过程中，移动主机（Mobile Host，简称HM）会移动，不断改变自己的位置。

（2）频繁断接性。由于资源条件的限制和使用方式等原因，HM在移动过程中一般不持续保持网络连通，而是不断地主动或被动断接和接入。

（3）网络状态多样性。整个移动环境中，各地网络的带宽、通信代价、延时等状态不同。

（4）网络通信非对称性。无线通信两端MH和MSS（Mobile Support Station，简称MSS）主机的发送与接收能力不一样，下行（MSS到MH）链路和上行（MH到MSS）链路的通信能力相差悬殊。

（5）规模及其伸缩性大。移动应用环境在地域范围、数据量、用户数量等方面都比较大，但其伸缩性也大。

（6）资源有限。MH的计算能力、存储空间、电源能力等都有限。

（7）可靠性较低。无线网络易因受干扰（撞坏、遗失、磁场干扰等）等而发生故障，其可靠性较低。

3. 移动计算环境的体系结构

图1-8展示的是移动平台的通用体系结构。这是一个分布式结构，计算机通过高速有线网络互联，这些计算机称为固定主机（Fixed Hosts，FH）或基站（Base Stations，BS）。FH是通常意义上的计算机，通过设置能够实现对移动设备的管理；BS具有无线接口，可以管理移动设备并进行数据通信。

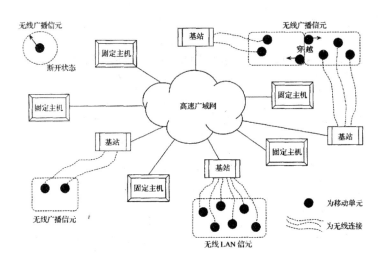

图1-8 移动平台的通用体系结构

（1）移动单元。移动单元（Mobile Units，MU或者说Hosts）与基站（BS）通过无线信道进行通信，其带宽明显低于有线网络。MU借助上行链路（uplink channel）向BS发送数据，BS借助下行链路（downlink channel）向MU发送数据。最新的便携式无线应用产品，使用红外接口传输率可达1MB／s，使用无线通信传输率可达2MB／s，使用移动电话的传输率为9.14KB／s。相对而言，以太网可以提供更高的传输率，比如10MB／s快速以太网，光纤分布式数据接口（FDDI）能够提供100MB/s的传输率，异步转移模式（ATM）的传输率高达155MB／s。

MU是使用电池供电的便携式计算机等移动设备，可在地理位置移动性区域（geographic mobility domain）内自由移动。地理位置移动性区域指由无线通信信道有限的带宽所确定的区域，为方便对移动设备进行管理，它被划分为更小的区域——信元（Cell）。移动设备的移动受限于地理位置移动性区域（信元内移动），但移动中的信息存取连续性（access contiguity）要求移动设备在穿越信元的边界时，要保证信息检索过程的连续性。

移动计算平台类似于客户机/服务器结构，移动设备有时被看作客户机或用户，把BS当作服务器。每个信元由一个BS管理，BS由发送器（transmitter）和接收器（receiver）组成，用以响应信元内客户的信息处理请求。这里假设平均查询响应时间小于用户物理穿越一个信元所需的时间。

客户机和服务器通过无线信道进行通信。客户机和服务器之间可以是多数据信道（multiple data channels），也可以是单信道（single channel）的通信链接模型。

（2）移动环境的特性。移动数据库环境中数据的更新很快，用户需要保持对数据更新的追踪，以确保数据的及时更新。如股市信息、气象数据、航班信息等都是此类的典型例子。数据库由独立的外部进程进行异步更新。

移动用户随机地进入或离开信元。用户在信元内的平均停留时间称为停留延迟（Residence Latency，简称RL），通过观察用户在信元内的停留时间，可得到用户的RL。所以说，每个信元都有一个RL值。用户的行为呈现局部化特征，例如用户习惯频繁地访问数据库中的某个固定部分。服务器无须对客户机链接、断开的信息进行维护，也无须维护客户机专用的数据请求信息。

无线网络与有线网络的区别体现在很多方面。有线网络上的数据库用户可以一直保持和网络的链接，具有持续的电源供给，因此，响应时间是最为关键的性能指标。但在无线网络中，响应时间和电源供给都很重要。

4. 移动数据库系统的关键技术

移动数据库有着复杂和多变的系统环境，这对移动数据库的体系结构、工作原理、功能特性和性能都提出了新的或更高的要求。

移动数据库系统的实现技术主要包括：数据的一致与可复制性、移动事务处理、位置相关查询与数据处理、数据广播及数据安全性等。

（1）数据一致性。由于MH和MSS之间的连接是一种弱连接，即低带宽、长延迟、不稳定和经常断开。用户在这种弱环境（经常是断开连接）下对数据库进行查询与更新，这就会带来以下几方面的问题：

①一致性。可能出现被操作的MH上的数据与数据库中的数据不一致。当前可采用的技术有"失效报告"（invalidation report）与失效处理、版本编号（version-numbering）、版本向量方案（version-vector scheme）等。

②可恢复性。若断接的MH发生灾难性故障，它就成为孤立点，因此移动数据库的恢复问题是关键之一。这与下面介绍的数据复制紧密相关。

③数据复制。数据的同步复制是移动数据库系统的最重要功能之一，是数据库的可用性与可靠性的关键技术。现在普遍采用乐观复制方法（optimistic replication或lazy replication），它允许用户操作本地缓存上的数据副本，待重新连接后再恢复与数据库的一致性。此外，人们还开发出了许多复制策略与方法，如两极复制算法、虚拟主副本方法、多版本冲突消解法和三级复制体系结构等。

（2）移动事务处理。如何对移动事务进行管理，是移动数据库管理的另一个重要研究课题。移动事务处理要考虑移动环境中资源有限、频繁断接的情况，必须设计和实现新的事务管理策略与机制。主要包括：

①合适的移动事务模型。关键是体现移动特性和长事务特性。

②事务执行过程中MH移动的处理，如位置信息的实时更新、过区切换处理等。

③有效的事务处理策略，如：根据网络连接情况来确定事务处理的优先级，网络连接速度高的事务请求优先处理；根据数据量的大小来确定事务是上载执行还是下载数据副本执行后再上载；根据操作时间来确定事务的迁移，长操作迁移到服务器上执行，无须保证网络的一直畅通；事务处理过程中，网络断接处理时采用服务器发现或客户端声明机制。

④完善的日志记录策略，包括日志复制（在MSS上），以支持移动事务的恢复。

（3）位置相关查询。在移动环境下，网络地址的变化导致查询的路由随之变化，这直接影响查询处理策略，处理代价的计算与处理优化也显得更为复杂。另外，还要考虑连接时间、资源（如内存空间、电源能量等）限制等问题。

（4）数据的安全性。移动性、便携性和非固定的工作环境带来潜在的安全隐患。应采取一定的数据安全保证措施来防止碰撞、磁场干扰、遗失、盗窃等对个人数据安全造成威胁。如：对移动主机MH进行认证，防止非法MH的欺骗性接入；对无线通信进行加密，防止数据信息泄漏；对下载的数据副本加密存储，防止数据泄密。

（5）数据广播。数据广播即MSS将经常请求的数据周期性或变化时间地主动发布，使MH无须经过发送请求，而能够随时获取所需数据。它既节省了MH发送请求的开销，还充分利用了无线网络带宽的非对称性，对提高系统性能、减少系统资源开销有很大的好处。

（四）时态数据库

随着数据库应用的不断发展，关系型数据库RDBMS的缺陷也日益显现出来。20世纪在80年代中后期出现了面向对象技术，它为形成适合高级数据库应用的数据模型打下了很好的基础。面向对象数据库扩充了关系数据库，它能够管理复杂对象（如列表、矩阵、数组等），模拟复杂对象的复杂行为，并具有强有力的类型定义工具。面向对象数据库OODB的缺陷是，它目前仍然不是市场上的主流数据库，主要是因为OODB技术还不是很成熟，而且与RDB不兼容。近年来，在对象模型上添加时态信息管理成为时态数据库领域研究的一个重要方向，而面向对象的时态数据模型的研究也必将对时态数据库技术的进一步发展起到重要的推动作用。

由于现实世界是不断变化的，时间是反映现实世界信息的基本组成部分，因而大多数数据库应用程序都有时态特性。例如，地震资料分析应用程序、天气监测应用程序、天气预报分析程序、资源管理应用程序、银行等财经类的应用程序以及项目管理等记录性应用程序。传统的数据库管理系统对时态信息的存储、处理和操作都存在一定的局限性，正因为传统数据库缺乏对时态数据的支持，因而在很多方面产生了问题。例如，它把时间数据作为一个字段的值进行存储和管理，只反映了对象某一个时刻或当前时刻的信息和状态，不联系对象的历史、现在和将来，无法将对象的历史、现在和将来作为对象的一个发展过程来看待，而这样做对于解释事物发展的本质规律没有什么帮助。抓住事物的发展趋势这一点对于决策支持系统这类应用程序来说是很基本、很重要的；同时要求管理数据库系统中元事件的时态信息，这些时态数据对于提高数据库系统的可靠性和效率非常有帮助。随着数据库技术的不断发展，人们开始逐渐意识到必须为时态数据建立时态数据库模型，或者在现有的数据库模型上加以改造，于是提出了时态数据库的概念。

所谓时态数据库，是指能够处理时间信息的数据库。传统数据库仅仅记录了数据的当前状态，在现实情况改变时，数据库也发生变化。而时态数据库不仅存放对象的现状，而且存放对象过去的一切状态，并且可以根据对象现在和过去的状态推测其未来可能的状态。

时态数据库在宏观上具有以下两个方面的特性：

①动态性。传统的数据库系统对数据进行静态或准动态的数据库管理。在数据更新时，过时的数据将从数据库中删除，这就无法准确地反映出现实世界的动态过程。例如，李明的专业技术职务是1994.5～1997.3为助教，1997.4～2004.6为讲师，2004.7至今为副教授。在时态数据库中，过时的数据不再从数据库中删除，对历史数据也可以进行更新，从而使得系统和现实世界一直保持着全方位的动态交换。

②全面性。时态数据库是所有数据的集合体，可以提供任何时刻和时间段的数据，这是传统数据库不具备的。时态数据库为历史、当前和将来进行对比、分析、监测以及预测预报提供了丰富的参考数据，从而为预测预报系统、决策支持系统和其他分析系统服务。

时态数据库的以上两大特性使其成为一个诱人且非常活跃的研究领域。

在时态数据库实现方面，主要包括以下两种实现方法：①在DBMS中内部创建时态支持，这种方法需要对DBMS进行时态扩充，使其能满足相应的时态数据模型，并要支持新的数据类型；②在用户和现有的DBMS之间建立一个中间件，用它来接收用户应用的时态请求，并将时态数据查询语句转换成DBMS所支持的查询语句（例如SQL语句）。

二、数据库发展及趋势分析

信息技术的不断发展和信息需求的不断增长是数据库技术不断发展的动力。信息需求的深入和多样化不断提出了许多需要解决的问题，信息技术不断快速发展和功能增强，为数据库技术提供了坚实的基础。

（一）数据库系统发展的三个阶段

1. 第一代数据库系统

20世纪70年代，广为流行的数据库系统都是网状和层次型的。其中，层次型数据库系统的典型代表是1968年IBM公司研制的IMS（Information Management System），而网状模型的典型代表是DBTG系统，也称CODASYL系统，它是1969年CODASYL（Conference on Data system Language）下属的数据库任务组（DBTG）提出的一个系统方案。

在第一代数据库系统中，无论是层次型的还是网状型的系统都支持数据库系统的三级模式结构和两级映像功能，可以保证数据与程序间的逻辑独立性和物理独立性；它们都使用记录型与记录型之间的联系来描述现实世界中的事物及其联系，并用存取路径来表示和实现记录型之间的联系；同时，它们都用导航式的数据操纵语言（Data Manipulation Language，简称DML）来进行数据的管理。

这一时期，由于硬件价格相对较贵，各DBMS的实现方案都关注于能提供对信息的联机访问，着眼于处理效率的提高，以减少高价格硬件的使用。

这两种数据库系统具有以下几个共同特点：①支持三级模式的体系结构；②用存取路径来表示数据之间的联系；③独立的数据定义语言；④导航式的数据操纵语言。

2. 第二代数据库系统

20世纪70年代末，对关系数据库系统的研究也取得了很多的成果，关系数据库系统实验系统System R在IBM公司的San Jose实验室研制成功，并于1981年推出了具有System R所有特性的数据库软件产品SQL/DS。与此同时，美国加州大学伯克利分校也研究出了INGRES这一关系数据库系统的实验系统，被INGRES公司采用并发展成了INGRES数据库产品。此后，关系数据库系统如雨后春笋，出现了许多商用的关系数据库产品，取代了层次和网状关系数据库系统的地位。

关系数据库系统采用了关系模型，这种数据模型建立在严格的数学基础之上，概念简单清晰，使用关系（一个关系对应一个二维表）来描述现实世界中的事物及其联系，并用非过程化的DML对数据进行管理，易于用户理解和使用。凭借这种简洁的数据模型、完备的理论基础、结构化的查询语言和方便的操作方法，关系数据库系统深受广大用户的欢迎。20世纪80年代，几乎所有新开发的数据库系统都是关系型的。

但是，随着数据库新的应用领域特别是Internet的出现，传统的关系数据库受到了很大的冲击。其自身所具有的局限性也愈加明显，很难适应建立以网络为中心的企业级快速事务交易处理应用的需求。因为关系数据库是用二维表格来存放数据的，因此不能有效地处理大多数事务处理应用中包含的多维数据，结果往往是建立了大量的表，用复杂的方式来处理，却仍然很难模仿出数据的真实关系。同时，由于关系数据库系统是为静态应用（例如报表生成）而设计的，因此在具有图形用户界面和Web事务处理的环境中，其性能往往不能令人满意，除非使用价格昂贵的硬件。

3. 第三代数据库系统

第二代数据库系统的数据模型虽然描述了现实世界数据的结构和一些重要的相互联系，但是仍不能捕捉和表达数据对象所具有的丰富而重要的语义，因此还只能属于语法模型。第三代的数据库系统将以更丰富的数据模型和更强大的数据管理功能为特征，从而可以满足更加广泛、复杂的新应用的要求。

随着第三代数据库技术的研究和发展诞生了众多不同于第一、二代数据库的系统，构成了当今数据库系统的大家族。这些新的数据库系统无论是基于扩展关系数据模型的（对象关系数据库），还是面向对象模型的；是分布式、C/S还是混合式体系结构的；是在并行机上运行的并行数据库系统，还是用于某一领域的工程数据库、统计数据库、空间数据库，都可以广泛地称为第三代数据库系统。

1990年，高级DBMS功能委员会发表了题为《第三代数据库系统宣言》的文章，提出了第三代DBMS应具有以下三个基本特征：

（1）第三代数据库系统应支持数据管理、对象管理和知识管理。第三代数据库系统不像第二代关系数据库那样有一个统一的关系模型。但是，有一点应该是统一的，即无论该数据库系统支持何种复杂的、非传统的数据模型，都应该具有面向对象模型的基本特征。数据模型是划分数据库发展阶段的基本依据，因此第三代数据库系统应该是以支持面向对象数据模型为主要特征的数据库系统。但是，只支持面向对象模型的系统不能称为第三代数据库系统。第三代数据库系统除了提供传统的数据管理服务外，将支持更加丰富的对象结构和规则，应该集数据管理、对象管理和知识管理为一体。

（2）第三代数据库系统必须保持或继承第二代数据库系统的技术。第三代数据库系统必须保持第二代数据库系统的非过程化数据存取方式和数据独立性，应继承第二代数据库系统已有的技术。这不仅能很好地支持对象管理和规则管理，而且能更好地支持原有的数据管理，支持多数用户需要的即时查询等功能。

（3）第三代数据库系统必须对其他系统开放。数据库系统的开放性表现在：支持数据库语言标准；在网络上支持标准网络协议；系统具有良好的可移植性、可连接性、可扩展性和可互操作性等。

（二）现代数据库的研究热点及应用

数据库技术从出现到现在，已经形成了坚实的理论基础、成熟的数据库产品和广泛的应用领域，并吸引了很多研究者的参与，形成了广泛的研究群体。

1. 现代数据库技术

面对传统数据库在新的应用领域中存在的各种缺陷，人们对于数据库系统的发展提出了新的要求，如针对不同的应用，对传统的DBMS进行不同层次上的扩充，使其与其他学科的新技术紧密结合，另一方面努力立足于新的应用需求和计算机未来的发展，研究全新的数据库系统。

人们对现代数据库系统的要求主要表现在以下几个方面：

（1）立足于面向对象的方法和技术。面向对象的方法和技术对计算机各个领域产生了深远的影响，同时也给数据库技术带来了机会和希望。数据库研究人员开始借鉴和吸收面向对象的方法和技术，提出了面向对象数据库模型，促进了数据库技术在一个新的技术基础上继续发展。

（2）与多学科技术的有机结合。与多学科技术的有机结合是当前数据库技术发展的重要特征之一。传统的数据库技术与其他计算机技术的相互结合、相互渗透，使数据库中新的技术内容层出不穷。数据库的许多概念、技术内容、应用领域，甚至某些原理都有了重大的发展和变化。

（3）适应应用领域的需要。现实中对数据的应用是多元化的，为了适应这种多元化要求，人们开始在传统数据库的基础上，结合各个应用领域的特点，研究适合该应用领域的数据库技术，如数据仓库、工程数据库、统计数据库、科学数据库、空间数据库、地理数据库等。

2. 数据库研究的热点

从近几年数据库技术发展的轨迹和未来的研究方向看，数据库技术的研究热点主要集中在以下几个方面：

· XML管理（XML Data Management）；

· 数据流管理（Data Streams Management）；

· 查询技术（Query Techniques）；

· 基于P2P的数据管理（P2P Based Data Management）；

·数据挖掘及联机分析处理（Data Mining and OLAP）；

·传感器网络（Sensor Networks）；

·空间和高维数据库（Spatial and High-Dimensional Data）；

·时空数据管理（Spatio-Temporal Data Management）；

·空间和多媒体数据（Spatial and Multimedia Data）；

·数据整合（Data Integration）；

·商业智能（Business Intelligence）；

·企业信息整合（Enterprise Information Integration）；

·网路服务（Web Service）；

·面向服务的体系架构（Service-Oriented Architecture，SOA）。

3. 现代数据库的综合应用

随着现代数据库系统的发展，以数据库技术为核心，衍生出多种新的数据库技术，如分布处理技术、并行计算技术、人工智能技术、多媒体技术、模糊技术。目前，数据库系统已经不只是一个简单的数据库系统，而是一个基于网络的、具有智能支持的、支持多维复杂数据类型的协同化信息系统。

下面按人们如何在数据库系统中采用或引入相关技术以设计和开发出相应的现代数据库系统来进行归纳，从而可以对本书前面介绍的几种数据有一个深入的了解。

对这些现代数据库技术进行简略的分类如下：

（1）整体系统方面。新型数据库在数据模型及其语言、事务处理与执行模型、数据库组织与物理存储等各层上都集成了新的技术、工具与机制。常见的有：

·面向对象数据库（Object-Oriented Database）；

·时态数据库（Temporal Database）；

·实时数据库（Real-Time Database）；

·主动数据库（Active Database）。

（2）体系结构方面。尽管数据库的基本原理无根本性变化，但在系统的体系结构方面采用和集成了新的技术。常见的包括：

· 内存数据库（Main Memory Database）；

· 分布式数据库（Distributed Database）；

· 并行数据库（Parallel Database）；

· 多数据库或联邦数据库（Federal Database）；

· 数据仓库（Data Warehouse）。

（3）应用方面。以一定的应用为出发点，在某些方面采用和引入了一些非传统数据库技术，从而加强或改进了系统对有关应用的支撑能力，尤其表现在数据模型、语言及查询处理方面。属于这类的数据库有：

· 工程数据库（Engineering Database）：支持CAD／CAM的数据库是其典型代表，尤其是CASE数据库；

· 科学与统计数据库（Scientific and Statistic Database）；

· 超文档数据库（Hyperdoeument Database）：包括超文本／超媒体数据库（Hypertext／Hypermedia Database），多媒体数据库（Multimedia Database）也可放入这一类；

· 空间数据库（Spatial Database）：包括地理数据库（Geographic Database）；

· 演绎数据库（Deductive Database）：包括智能数据库和知识库，数据发掘（Data mining）通常也可归入这一类。

（三）现代应用对数据库系统的新要求

1. 数据模型的新特征

（1）数据特征。现代应用中的数据，本身表现出与传统应用数据不同的特征：

①多维性：每个数据对象除了用值来表示外，每个值还有与其相联系的时间属性，即数据是二维的；更进一步，如果联系到空间，其值就是三维的；如果考虑到时间的两维性（有效时间和事务时间）以及空间的三维性，

数据的维就会更加复杂。

②易变性：数据对象频繁地发生变化，其变化不仅表现在数据的值上，而且表现在它的定义上，即数据的定义可以动态改变。

③多态性：数据对象不仅是传统意义上的值，还可以是过程、规则、方法和模型，甚至是声音、影像和图形等。

（2）数据结构。

①数据类型：不仅要求能表达传统的基本数据类型，如整型、实型和字符型等，还要求能表达更复杂的数据类型，如集合、向量、矩阵、时间类型和抽象数据类型等。

②数据之间的联系：数据之间有了各种复杂的联系，如n-元联系；多种类型之间的联系，如时间、空间、模态联系；非显式的联系，如对象之间隐含的关系。

③数据的表示：除了表示结构化、格式化的数据，还要表示非结构化、半结构化的数据以及非格式、超格式的数据。

（3）数据的操作。

①数据操作的类型：数据操作的类型不仅包含通常意义上的插入、删除、修改和查询，还要进行各种其他类型的特殊操作，如执行、领域搜索、浏览和时态查询等。另外，还要能够进行用户自己定义的操作。

②数据的互操作性：要求数据对象可以在不同模式下进行交互操作，数据可以在不同模式的视图下进行交互作用。

③数据操作的主动性：传统数据库中的数据操作都是被动的、单向的，即只能由应用程序控制数据操作，其作用方向只能是应用程序到数据。而现代应用要求数据使用的主动性和双向作用，即数据的状态和状态变迁可主动地驱动操作，除了应用作用于数据外，数据也可以作用于应用。

2. 对数据库系统的要求

（1）提供强有力的数据建模能力。数据模型是一个概念集合，用来帮助人们研究设计和表示应用的静态、动态特性和约束条件，这是任何数据库系统的基础。而现代应用要求数据库有更强的数据建模能力，要求数据库系统提供建模技术和工具支持。

一方面，系统要提供丰富的基础数据类型，除了整型、实型、字符型和布尔型的原子数据类型外，还要提供如记录、表、集合的基本构造数据类型及抽象数据类型（Abstract Data Type，ADT）。

另一方面，系统要提供复杂信息建模和数据的新型操作，包括多种数据抽象技术，如聚集、概括、特化、分类和组合等，并提供复杂的数据操作、时间操作、多介质操作等新型操作。

（2）提供新的查询机制。由于数据类型的多样化，要求系统提供特制查询语言功能，如特制的图形浏览器、使用语义的查询设施和实时查询技术等。而且，系统要求能够进行查询方面的优化措施，如语言查询优化、整体查询优化和时间查询优化等。

（3）提供强有力的数据存储与共享能力。要求数据库系统要有更强的数据处理能力，一方面，要求可以存储各种类型的"数据"，不仅包含传统意义上的数据，还可以是图形、过程、规则和事件等；不仅包含传统的结构化数据，还可以是非结构化数据和超结构化数据；不仅是单一介质数据，还可以是多介质数据。另一方面，人们能够存取和修改这些数据，而不管它们的存储形式及物理储存地址。

（4）提供复杂的事务管理机制。现代应用要求数据库系统支持复杂的事务模型和灵活的事务框架，要求数据库系统有新的实现技术。例如，基于优先级的调度策略、多隔离度或无锁的并发控制协议和机制等。

（5）提供先进的图形设施。要求数据库系统提供用户接口、数据库构造、数据模式、应用处理高级图形设施的统一集成。

（6）提供时态处理机制。要求数据库系统有处理数据库时间的能力，这种时间可以是现实世界的"有效时间"或者数据库的"事务时间"，但是不能仅仅是"用户自己定义的时间"。

（7）提供触发器或主动能力。要求数据库系统有主动能力或触发器能力，即数据库系统中的"行为"不仅受到应用或者程序的约束，还有可能受到系统中条件成立的约束。例如，出现符合某种条件的数据，系统就发生某种对应的"活动"。

（四）数据库技术的发展趋势

1. 数据库技术面临的挑战

随着数据库应用领域的拓展，传统的数据库技术和系统已不能满足需求，这就对传统的数据库技术和研究工作提出了挑战。数据库技术面临的挑战主要表现在以下几个方面：

（1）环境的变化。数据库系统的应用环境由可控制的环境转变为多变的异构信息集成环境和Internet环境。

（2）数据类型的变化。数据库中的数据类型由结构化扩大至半结构化、非结构化和多媒体数据类型。

（3）数据来源的变化。大量数据将来源于实时和动态的传感器或监测设备，需要处理的数据量成倍剧增。

（4）数据管理要求的变化。许多新型应用需要支持协同设计和工作流管理。

为了应付这些挑战，许多数据库技术研究和实践人员认为有两条可行的途径：第一条可行途径是反思原先的研究和开发思路，将原有的思想和技术进行扩充、推广和转移来解决面临的难题。第二条可行路径是拓宽研究思路，研究全新的技术，提出新的数据库管理系统概念。实际上，只有结合这两个方面，才有可能开辟新的数据库技术研究局面。

2. 数据库系统发展的特点

（1）数据模型的发展。随着数据库应用领域的扩展和数据对象的多样化，传统的关系数据模型开始暴露出许多弱点，例如对复杂对象的表示能力较差，语义表达能力较弱，缺乏灵活丰富的建模能力，对文本、时间、空间、声音、图像和视频等数据类型的处理能力差等。为此，人们提出并发展了许多新的数据模型，例如复杂数据模型、语义数据模型、面向对象数据模型以及XML数据模型等。

（2）数据库技术与其他相关技术相结合。数据库技术与其他学科的内容相结合，是数据库技术的一个显著特征，随之也涌现出以下各种新型的数据库系统。

①数据库技术与分布处理技术相结合，出现了分布式数据库系统。

②数据库技术与Web技术相结合，出现了网络数据库。

③数据库技术与XML技术相结合，出现了XML数据库。

④数据库技术与多媒体技术相结合，出现了多媒体数据库系统。

⑤数据库技术与模糊技术相结合，出现了模糊数据库系统等。

⑥数据库技术与移动通信技术相结合，出现了移动数据库系统。

⑦数据库技术与并行处理技术相结合，出现了并行数据库系统。

⑧数据库技术与人工智能技术相结合，出现了知识库系统和主动数据库系统。

计算机科学中的技术发展日新月异，这些新的技术对数据库的发展产生重大影响，给数据库技术带来了新的生机。数据库与这些技术不是简单的集成和组合，而是有机结合、互相渗透，数据库中的某些概念、技术内容、应用领域甚至某些原理都有了重大的变化。

（3）面向应用领域的设计。数据库应用的需求是数据库技术发展的源泉和动力，为了适应数据库应用多元化的要求，结合各个应用领域的特点，一系列适合各个应用领域的数据库新技术层出不穷。例如，数据仓库、工程数据库、统计数据库、科学数据库、空间数据库和地理数据库等。数据库技术被应用到特定的领域中，使得数据库的应用范围不断扩大。

3. **主流数据库技术发展趋势**

（1）信息集成。信息集成技术已经历了20多年的发展过程，研究者已提出了很多信息集成的体系结构和实现方案，但是这些方法所研究的主要集成对象是传统的异构数据库系统。随着Internet的飞速发展，Web迅速成为全球性的分布式计算环境，Web上有极其丰富的数据资源。如何获取Web上的有用数据并加以综合利用，即构建Web信息集成系统，已成为一个引起广泛关注的研究领域。Web数据源具有不同的数据类型（数据异构）、不同的模式结构（模式异构）、不同的语义内涵（语义异构），并具有分布分散、动态变化、规模巨大等特点。这些都使得Web信息集成成为与传统的异构数据库集成非常不同的研究课题。

信息集成的方法可以分为：数据仓库方法和Wrapper/Mediator方法。在数据仓库方法中，各数据源的数据按照需要的全局模式从各数据源抽取并转换，存储在数据仓库中。用户的查询就是对数据仓库中的数据进行查询，对于数据源数目不是很多的单个企业来说，该方法十分有效。但对目前出现的跨企业应用数据源的数据抽取和转化要复杂得多，数据仓库的方法存在诸多不便。

目前，比较流行的建立信息集成系统的方法是Wrapper/Mediator方法。该方法并不将各数据源的数据集中存放，而是通过Wrapper/Mediator结构满足上层集成应用的需求。这种方法的核心是中介模式（Mediated schema）。信息集成系统通过中介模式将各数据源的数据集成起来，而数据仍存储在局部数据源中，通过各数据源的包装器（Wrapper）对数据进行转换使其符合中介模式。用户的查询基于中介模式，不必知道每个数据源的特点，中介器（Mediator）将基于中介模式的查询转换查询各局部数据源，它的查询执行引擎再通过各数据源的包装器将结果抽取出来，最后由中介器将结果集成并返回给用户。Wrapper/Mediator方法解决了数据的更新问题，从而弥补了数据仓库方法的不足。但是，由于各个数据源的包装器是要分别建立的，因此Web数据源的包装器建立问题又给人们提出了新的挑战。近年来，如何快速、高效地为Web数据源建立包装器成为人们研究的热点。

自20世纪90年代以来，数据库界在Web数据集成方面虽然开展了大量研究，但是问题远没有得到解决。

（2）移动数据管理。研究移动计算环境中的数据管理技术，已成为目前一个新的方向，即嵌入式移动数据库技术。移动计算环境指的是具有无线通信能力的移动设备及其运行的相关软件所共同构成的计算环境。移动计算环境使人们可以随时随地访问任意所需的信息。移动计算环境具有其鲜明的特点，主要包括移动性和位置相关性、频繁的通信断接性、带宽多样性、网络通信的非对称性、移动设备的资源有限性等。

在嵌入式移动数据库系统中需要考虑与传统计算环境下不同的问题，例如对断接操作的支持、对跨区长事务的支持、对位置相关查询的支持、对查询优化的特殊考虑以及对提高有限资源的利用率的考虑等。嵌入式移动数据库的关键技术主要包括数据复制/缓存技术、移动数据处理技术、移动查询处理、服务器数据源的数据广播、移动用户管理、数据的安全性等。

（3）网格数据管理。网格是把整个网络整合成一个虚拟的、巨大的超级计算环境，实现计算资源、存储资源、数据资源、信息资源、知识资源、专家资源的全面共享。其目的是解决多机构虚拟组织中的资源共享和协同工作问题。在网格环境中，不论用户工作在何种"客户端"上，系统均能根据用户的实际需求，利用开发工具和调度服务机制，向用户提供优化整合后的协同计算资源，并按用户的个性提供及时的服务。按照应用层次的不同，可以把网格分为三种：计算网格，提供高性能计算机系统的共享存取；数据网格，提供数据库和文件系统的共享存取；信息服务网格，支持应用软件和信息资源的共享存取。

网格环境下的数据管理目标是，保证用户在存取数据时无须知道数据的存储类型和位置。高性能计算的应用需求使计算能力不可能在单一的计算机上获得，因此必须通过构建"网络虚拟超级计算机"或"元计算机"获得超强的计算能力，这种计算方式称为网格计算。它通过网络连接地理上分布的各类计算机（包括机群）、数据库、各类设备和存储设备等，形成对用户相对透明的、虚拟的高性能计算环境，应用包括了分布式计算、高吞吐量计算、协同工程和数据查询等诸多功能。网格计算被定义为一个广域范围的"无缝的集成和协同计算环境"。网格计算模式已经发展为连接和统一各类不同远程资源的一种基础结构。网格计算有两个优势，一个是数据处理能力超强；另一个是能充分利用网上的闲置处理能力。为实现网格计算的目标，必须重点解决三个问题：

①异构性：由于网格由分布在广域网上不同管理域的各种计算资源组成，怎样实现异构资源间的协作和转换是首要问题。

②可扩展性：网格资源规模和应用规模可以动态扩展，并能不降低性能。

③动态自适应性：在网格计算中，某一资源出现故障或失败的可能性较高，资源管理必须能够动态监视和管理网格资源，从可利用的资源中选取最佳资源服务。

网格环境下的数据管理目标是保证用户在存取数据时无须知道数据的存储类型（如数据库、文档、XML）和位置。涉及的问题包括：如何联合不同的物理数据源，抽取元数据构成逻辑数据源集合；如何制定统一的异构数据访问的接口标准；如何虚拟化分布的数据源等。

目前，数据网格研究的问题之一是如何在网格环境下存取数据库，提供数据库层次的服务，因为数据库应该是网格中十分宝贵且巨大的数据资源。数据库网格服务不同于通常的数据库查询，也不同于传统的信息检索，需要将数据库提升为网格服务，把数据库查询技术和信息检索技术有机地结合起来，提供统一的基于内容的数据库检索机制和软件。

信息网格是利用现有的网络基础设施、协议规范、Web和数据库技术，为用户提供一体化的智能信息平台，其目标是创建一种架构在操作系统和Web之上的基于Internet的新一代信息平台和软件基础设施。在这个平台上，信息的处理是分布式、协作和智能化的，用户可以通过单一入口访问所有信息。

信息网格追求的最终目标是能够做到按需服务（Service On Demand）和一步到位的服务（One Cliek Is Enough）。信息网格的体系结构、信息表示和元信息、信息连通和一致性、安全技术等是目前信息网格研究的重点。目前，信息网格研究中未解决的问题包括个性化服务、信息安全性和语义

Web。

数据库技术和网格技术相结合，就产生了网格数据库。网格数据库当前的主要研究内容包括三个方面：网格数据库管理系统、网格数据库集成和支持新的网格应用。

（4）传感器数据库技术。随着微电子技术的发展，传感器的应用越来越广泛。例如，可以使小鸟携带传感器，根据传感器在一定的范围内发回的数据定位小鸟的位置，从而进行其他的研究；还可以在汽车等运输工具中安装传感器，从而掌握其位置信息；甚至微型无人机上也开始携带传感器，以便在一定的范围内收集有用的信息，并将其发回到指挥中心。

当有多个传感器在一定的范围内工作时，就组成了传感器网络。传感器网络由携带者所捆绑的传感器及接收和处理传感器发回数据的服务器所组成。传感器网络中的通信方式可以是无线通信，也可以是有线通信。

传感器网络由大量的低成本设备组成，用来测量诸如目标位置、环境温度等数据。每个设备都是一个数据源，将会提供重要的数据，这就产生了新的数据管理需求。

在传感器网络中，传感器数据就是由传感器中的信号处理函数产生的数据。信号处理函数要对传感器探测到的数据进行度量和分类，并且将分类后的数据标记时间戳，然后发送到服务器，再由服务器对其进行处理。传感器数据可以通过无线或者光纤网存取。无线通信网络采用的是多级拓扑结构，最前端的传感器结点收集数据，然后通过多级传感器结点到达与服务器相连接的网关结点，最后通过网关结点，将数据发送到服务器。光纤网络采用的是星形结构，各个传感器盲接通过光纤与服务器相连接。

传感器结点上数据的存储和处理方法有两种：第一种类型的处理方法是将传感器数据存储在一个结点的传感器堆栈中，这样的结点必须具有很强的处理能力和较大的缓冲空间；第二种方法适用于一个芯片上的传感器网络，传感器结点的处理能力和缓冲空间是受限制的：在产生数据项的同时就对其进行处理以节省空间，在传感器结点上没有复杂的处理过程，传感器结点上不存储历史数据；对于处理能力介于第一种和第二种传感器网络之间的网络来说，则采用折中的方案，将传感器数据分层地放在各层的传感器堆栈中进行处理。

传感器网络越来越多地应用于对很多新应用的监测和监控。在这些新的应用中，用户可以查询已经存储的数据或者传感器数据，但是这些应用大部分建立在集中的系统上收集传感器数据。因为在这样的系统中数据是以预定义的方式抽取的，因此缺乏一定的灵活性。

由于大量传感器设备具有移动性、分散性、动态性和传感器资源的有限性等特点，因此传感器数据库系统需要解决许多新的问题。例如，传感器数据的表示和传感器查询的表示和执行，在整个传感器网络中查找信息时，应该尽可能将计算分布到各个结点上以提高性能。传感器资源的有限性需要研究传感器结点上的查询处理新技术。在传感器网络上，查询执行要适应随时迅速变化的情况。例如，传感器从网络上分离或者消失，查询计划也需要随之变化，这在当前的数据库系统中是没有的。此外，传感器还提出了处理更复杂信息的需求，一个常见的情况是，传感器没有完全校准，某个传感器的准确值要依据其他传感器的信号来求证。更复杂的情况是，传感器数据处理的目标可能要从多个低级别的信号演绎出一个高级别的信息。例如，需要综合温度、声音、振动等多种传感器信号来定位附近的一个人。

（5）DBMS的自适应管理。随着关系数据库系统复杂性的增强以及新功能的增加，对于DBA的技术需求和DBA的薪水支出都在大幅度增长，导致企业人力成本的迅速增加。同时，随着关系数据库规模和复杂性的增加，系统调整和管理的复杂性也相应增加。基于上述原因，数据库系统自调优和自管理工具的需求增加，对数据库自调优和自管理的研究也成为研究者关注的热点。

目前的DBMS有大量的"调节按钮"，允许专家从可操作的系统上获得最佳的性能。通常，生产商要花费巨大的代价来完成这些调优。事实上，大多数的系统工程师在做这样的调整时，并不非常了解这些调整的意义，只是他们以前看过很多系统的配置和工作情况，将那些使系统达到最优的调整参数记录在一张表格中。当处于新的环境时，他们在表格中找到最接近当前配置的参数，并使用相关的设置，这就是所谓的数据库调优技术。它其实给数据库系统用户带来极大的负担和成本开销，而且DBMS的调优工作并不是仅依靠用户的能力就能完成的。通常，把基于规则的系统和可调控的数据库联系起来是可以实现数据库自动调优的。目前，广大用户已经在数据库调优方面积累了大量的经验，例如动态资源分配、物理结构选择以及某种程度上的视图实例化等。

数据库系统的最终目标是"没有可调部分"，即所有的调整均由DBMS自动完成。它可以依据默认的规则，对响应时间和吞吐率的相对重要性作出选择，也可以依据用户的需要制定规则。因此，建立能够清楚描述用户行为和工作负载的更完善的模型，是这一领域取得进展的先决条件。除了不需要手工调整，DBMS还需要能够发现系统组件内部及组件之间的故障，并作出相应的处理。这就要求DBMS具有更强的适应性和故障处理能力。

第二章　数据库系统设计与管理

第一节　数据库系统的关系代数、演算与范式

一、关系代数

关系代数是一种抽象的查询语言，它用对关系的运算来表达查询。关系代数的运算对象是关系，运算结果亦为关系。

关系演算（relational calculus）是指除了使用关系代数表示关系的操作之外，还可以使用谓词运算来表示关系的操作。关系演算是一种非过程化语言。

关系演算又分为元组关系演算（tuplerelational calculus）和域关系演算（domainrelational calculus）两类。元组关系演算以元组为谓词变量，域关系演算则是以域（即属性）为谓词变量。

对关系演算表达式规定某些限制条件，对表达式中的变量取值规定一个范围，使之不产生无限关系和无穷运算的方法，称为关系运算的安全限制。施加了安全限制的关系演算称为安全的关系演算。

关系代数和关系演算所依据的基础理论是相同的，因此可以进行相互转换。人们已经证明，关系代数、安全的元组关系演算、安全的域关系演算在关系的表达能力上是等价的。

关系代数中的运算符可以分为四类：集合运算符、专门的关系运算符、比较运算符和逻辑运算符，表2-1列出了这些运算符，其中比较运算符和逻

辑运算符是用于配合专门的关系运算来构造表达式的。

表2-1　关系代数的运算符

运算符		含义	运算符	含义
集合 运算符	∪ ∩ — ×	并 交 差 广义笛卡尔积	比较 运算符	> ≥ < ≤ = ≠	大于 大于等于 小于 小于等于 等于 不等于
专门的 关系运算符	σ Π ÷ ∞	选取 投影 除 连接	逻辑 运算符	∧ ∨ ¬	与 或 非

（一）传统的集合运算

传统集合运算是二目运算，包括并、交、差、笛卡尔积四种运算。关系的集合运算要求参加运算的关系必须具有相同的目（即关系的属性个数相同），且相应属性取自同一个域。

1. 并（Union）

设R和S都是n目关系，而且两者各对应属性的数据类型相同，则R和S的并定义为：

$$R \cup S = \{t \mid t \in R \vee t \in S\}$$

$R \cup S$的结果仍为n目关系，由属于R或属于S的元组组成。

2. 差（Difference）

设R和S都是n目关系，而且两者各对应属性的数据类型相同，则R和S的差定义为：

$$R - S = \{t \mid t \in R \wedge t \notin S\}$$

$R-S$的结果仍为n目关系，由属于R而不属于S的元组组成。

3. 交（Intersection）

设R和S都是n目关系，而且两者各对应属性的数据类型相同，则R和S的交定义为：

$$R \cup S = \{t \mid t \in R \lor t \in S\}$$

$R \cup S$的结果仍为n目关系，有既属于R又属于S的元组组成。

4. 广义的笛卡尔积（Extended Cartes Jan Product）

设R是n目关系，S是m目关系，R和S的笛卡尔积定义为：

$$R \times S = \{t_r t_s \mid t_r \in R \land t_s \in S\}$$

$R \times S$是一个（$n+m$）目关系，前n列是关系R的属性，后m列是关系S的属性。

每个元组的前n个属性是关系R的一个元组，后m个属性满足关系S的一个元组。

若关系R有p个元组，关系S有q个元组，关系$R \times S$有$p \times q$个元组，且每个元组的属性为（$n+m$）个。

（二）专门的关系运算

为了满足用户对数据操作的需要，在关系代数中除了需要一般的集合运算外，还需要一些专门的关系运算，介绍如下。

1. 选择

从关系中找出满足给定条件的所有元组称为选择。其中的条件是以逻辑表达式给出的，该逻辑表达式的值为真的元组被选取。这是从行的角度进行的运算，即水平方向抽取元组。经过选择运算得到的结果可以形成新的关系，其关系模式不变，但其中元组的数目小于或等于原来关系中的元组个数，它是原关系的一个子集，如图2-1所示。

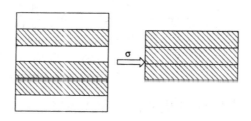

图2-1 选择

选择又称为限制。它是在关系R中选择满足给定条件的元组，记作：

$$\sigma_F(R)=\{t|t\in R \wedge F(t)="真"\}$$

其中，F表示选择条件，它是一个逻辑表达式，取逻辑值"真"或"假"。

逻辑表达式F由逻辑运算符 ¬、∧、∨ 连接各算术表达式组成。算术表达式的基本形式为：

$$X_1 \ \theta \ Y_1$$

其中 θ 表示比较运算符，它可以是>、≥、<、≤、=或≠。X_1、Y_1是属性名，或常量或简单函数，属性名可以用它的序号来代替。

设有一学生成绩统计表，如表2-2所示。试找出满足条件（计算机成绩在90分以上）的元组集T。结果如表2-3所示。

表2-2　学生成绩统计表

学号	姓名	数学	英语	计算机
001	陈亮	99	76	92
002	周小军	91	84	91
003	彭军	68	88	76
004	张丽芳	82	90	88
005	朱湘平	60	69	94

表2-3　选择结果T

学号	姓名	数学	英语	计算机
001	陈亮	99	76	92
002	周小军	91	84	91
005	朱湘平	60	69	94

2. 投影

从关系中挑选若干属性组成新的关系称为投影。这是从列的角度进行运算。经过投影运算可以得到一个新关系，其关系所包含的属性个数往往比原关系少，或者属性的排列顺序不同，如果新关系中包含重复元组，则要删除重复元组，如图2-2所示。

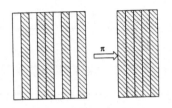

图2-2　投影

关系R上的投影是从R中选择出若干属性列组成新的关系，记作：

$$\Pi_A(R) = \{ t[A] | t \in R \}$$

其中A为R中的属性列。

查询学生成绩统计表（表2-2）在学号和姓名两个属性上的投影T，结果如表2-4所示。

表2-4　投影结构T

学号	姓名
001	陈亮
002	周小军
003	彭军
004	张丽芳
005	朱湘平

3. 连接

连接也称θ连接。它是从两个关系的笛卡尔积中选取属性间满足一定条件的元组。记作：

$$\underset{A\theta B}{R\bowtie S} = \{ t_r t_s \mid t_r \in R \wedge t_s \in S \wedge t_{r[A]} \theta t_{s[B]} \}$$

其中A和B分别为R和S上度数相等且可比的属性组。θ是比较运算符。连接运算从R和S的广义笛卡尔积R×S中选取（R关系）在A属性组上的值与（S关系）在B属性组上值满足比较关系θ的元组。如下图2-3所示。

R

A	B	C
a_1	2	c_1
a_1	5	c_1
a_1	9	c_2
a_2	9	c_2
a_2	12	c_2
a_3	2	c_4

S

C	D
c_1	5
c_2	7
c_3	9

$R \underset{B>D}{\bowtie} S$

A	B	$R.C$	$R.S$	D
a_1	9	c_2	c_1	5
a_2	9	c_2	c_1	5
a_2	12	c_2	c_1	5
a_1	9	c_2	c_2	7
a_2	9	c_2	c_2	7
a_2	12	c_2	c_2	7
a_2	12	c_2	c_3	9

$R \underset{R.C=S.C}{\bowtie} S$

A	B	$R.C$	$R.S$	D
a_1	2	c_1	c_1	5
a_1	5	c_1	c_1	5
a_1	9	c_2	c_2	7
a_2	9	c_2	c_2	7
a_2	12	c_2	c_2	7

$R \bowtie S$

A	B	C	D
a_1	2	c_1	5
a_1	5	c_1	5
a_1	9	c_2	7
a_2	9	c_2	7
a_2	12	c_2	7

图 2-3 关系 R 与 S 的连接

连接运算中有两种最为重要也最为常见的连接，一种是等值连接，另一种是自然连接。

θ 为 "=" 的连接运算称为等值连接。它是从关系 R 与 S 的广义笛卡尔积中选取 A、B 属性值相等的那些元组，如图 2-4 所示。

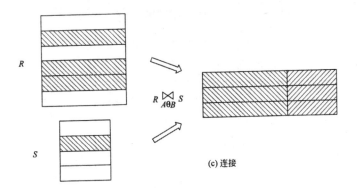

图 2-4 等值连接

给定关系 R 和 S，其等值连接如图 2-5（a）所示。

R

A	B	C
a1	b1	5
a1	b2	6
a2	b3	8
a2	b4	12

S

B	E
b1	3
b2	7
b3	10
b3	2
b5	2

(a) 等值连接 $R \underset{R.B-S.B}{\infty} S$

A	R.B	C	S.B	E
a1	b1	5	b1	3
a1	b2	6	b2	7
a2	b3	8	b3	10
a2	b3	8	b3	2

(b) 自然连接 $R \infty S$

A	B	C	E
a1	b1	5	3
a1	b2	6	7
a2	b3	8	10
a2	b3	8	2

图2-5 关系 R 与 S 的等值连接

自然连接是一种特殊的等值连接，它要求两个关系中进行比较的分量必须是相同的属性组，并且在结果中把重复的属性列去掉。如图2-5（b）所示。

一般的连接操作是从行的角度进行运算。但自然连接还需要取消重复列，所示是同时从行和列的角度进行运算。

4. 除

给定关系 R（X，Y）和 S（Y，Z），其中，X、Y、Z为属性组。R中的 Y 与 S 中的 Y 可以有不同的属性名，但必须出自相同的域集。

R 与 S 的除运算得到一个新的关系 P（X），P 是 R 中满足下列条件的元组在X属性列上的投影：元组在X上分量值x的象集Y_x包含S在Y上投影的集合。记作：

$$R \div S = \{t_r[X] \mid t_r \in R \wedge \pi_Y(S) \subseteq Y_x\}$$

其中，Y_x为x在R中的象集，$x=t_r[X]$。

除操作是同时从行和列角度进行运算。

设有如下的关系R和S：

R

A	B	C
a1	b1	c2
a2	b3	c7
a3	b4	c6
a1	b2	c3
a4	b6	c6
a2	b2	c3
a1	b2	c1

S

B	C	D
b1	c2	d1
b2	c1	d1
b2	c3	d2

则$R \div S$结果如下：

a1的象集为｛（b1，c2），（b2，c3），（b2，c1）｝

a2的象集为｛（b3，c7），（b2，c3）｝

a3的象集为｛（b4，c6）｝

a4的象集为｛（b6，c6）｝

S在（B，C）上的投影为：

｛（b1，c2），（b2，c1），（b2，c3）｝

因只有a1的象集包含了S在（B，C）属性组上的投影，故

$$R \div S = \{a1\}$$

即$R \div S$为

（三）拓展关系代数运算

除了上述两种关系运算之外，还有些关系代数运算也是经常使用的，比如外连接（Outer Join）。

外连接是自然连接的扩展，也可以说是自然连接的特例，可以处理缺失的信息。假设两个关系R和S，它们的公共属性组成的集合为Y，在对R和S进行自然连接时，在R中的某些元组可能与S中所有元组在Y上的值均不相等，同样，对S也是如此，那么在R和S的自然连接结果中，这些元组都将被舍弃。使用外连接可以避免这样的信息丢失。外连接运算有三种：左外连接、右外连接和全外连接。

（四）关系代数表达式的优化策略

不同的操作步骤，有不同的操作效率。要达到高效率的查询，就需要选择合适的优化策略。

下面就如何安排操作的顺序来达到优化进行讨论。当然，达到优化的表达式不一定是所有等价表达式中执行查询时间最少的表达式。一般地，优化策略包括以下几方面：

①在关系代数表达式中应该尽可能早地执行选择操作。通过执行选择操作，可以得到比较小的中间结果，减少运算量和输入输出的次数。

②同时计算一连串的选择和投影操作，避免因为分开运算而造成的多次扫描文件，从而节省查询执行的时间。

③如果在一个表达式中多次出现某个子表达式，那么应该把该子表达式

计算的结果预先计算和保存起来，以便以后使用，减少重复计算的次数。

④对关系文件进行预处理，适当地增加索引、排序等，使两个文件之间可以快速建立连接关系。

⑤表达式的书写应该仔细考虑关系的排列顺序，因为这种顺序对于从缓存中读取数据有非常大的影响。

二、关系演算

除了使用关系代数表示关系的操作之外，还可以使用谓词运算来表示关系操作，称为关系演算（relational calculus）。

在关系演算中，用谓词表示运算的要求和条件。由于用关系演算表示关系的操作只需描述所要得到的结果，无须对操作的过程进行说明，因此基于关系演算的数据库语言是说明性语言。目前，面向用户的关系数据库语言大都是以关系演算为基础的。

关系演算又分为元组关系演算（tuplerelational calculus）和域关系演算（domainrelational calculus）两类。元组关系演算以元组为谓词变量，域关系演算则是以域（即属性）为谓词变量。

关系演算是以数理逻辑中的谓词演算为基础的，常见的谓词如表2-5所示。

表2-5　关系演算谓词

比较谓词	>、>=、<、<=、=、≠
包含谓词	IN
存在谓词	EXISTS

（一）元组关系演算

关系R可用谓词$R(t)$表示，t为变元。关系R与谓词间关系如下：

$$R = \left\{ t \middle| \phi(t) \right\}$$

上式的含义为：R是所有使$\phi(t)$为真的元组t的集合。当谓词以元组为变量时，称为元组关系演算；当谓词以域为变量时，称为域关系演算。

在元组关系演算中，把 $\{t|\phi(t)\}$ 称为一个演算表达式，把 $\phi(t)$ 称为一个公式，t 为 Φ 中唯一的自由元组变量。

（三）域关系演算

域关系演算同元组关系演算类似，两者的不同之处是公式中的变量不是元组变量而是表示元组变量中各个分量的域变量。

域演算表达式的一般形式为：

$$\left\{t_1\, t_2 \cdots t_k \,\middle|\, \phi(t_1, t_2, \cdots, t_k)\right\}$$

式中，$t_1\, t_2 \cdots t_k$ 为元组变量 t 的各个分量，统称为域变量，域变量的变化范围是某个值域而不是一个关系，ϕ 是一个公式，与元组演算公式类似。可以像元组演算一样定义域演算的原子公式和表达式。

在域关系演算中，原子公式有以下三种形式：

① $R(t_1\, t_2 \cdots t_k)$，其中 R 是一个 k 元关系，每个 t_i 是域变量或常量。$R(t_1\, t_2 \cdots t_k)$ 表示命题函数："以 $t_1\, t_2 \cdots t_k$ 为分量的元组在关系 R 中"。

② $t_i\,\theta\, c$ 或 $c\,\theta\, t_i$，其中 t_i 是元组 t 的第 i 个域变量，C 是常量，θ 是比较运算符。它表示元组 t 的第 i 个域变量 t_i 与常量 C 之间满足 θ 关系。

③ $t_i\,\theta\, u_j$，其中 t_i 是元组 t 的第 i 个域变量，u_j 是元组 u 的第 j 个域变量，θ 是比较运算符。它表示 t_i 与 u_j 之间满足 θ 关系。

设 ϕ_1、ϕ_2 是公式，则 $\neg\phi_1$、$\phi_1 \wedge \phi_2$、$\phi_1 \vee \phi_2$、$\phi_1 \rightarrow \phi_2$ 也是公式。

设 $\phi(t_1, t_2, \cdots t_k)$ 是公式，则 $(\forall t_i)(\phi)$、$(\exists t_i)(\phi)$、$i = (1, 2, \cdots, k)$ 同样是公式。

三、关系模式的范式

关系数据库中的关系要满足一定的要求，设计和构造一个合理的关系模式是关系数据库设计中非常重要的问题。有的关系模式会需要进行分解。那么，如何才能规范化地进行关系模式的分解呢？分解以后模式的优劣有什么评价的标准呢?所谓的范式（Normal Forms，NF），就可以作为分解的依据和评价的标准。

关系模式的规范化问题由Codd最先提出，他于20世纪70年代初提出了1NF、2NF和3NF。此后，Codd和其他一些学者又提出了BCNF、4NF和5NF等。不同的范式满足不同程度规范化的要求。满足最低要求的范式是第一范式（简记为1NF）；在第一范式中进一步满足其他一些要求的为第二范式（简记为2NF）；其余依次类推。

本来，范式表示关系的某一种级别。现在我们把范式理解为满足某一种级别的关系模式的集合，则各类范式之间的包含关系如图2-6所示，对于各范式之间的联系即有：

$$5NF \subset 4NF \subset BCNF \subset 3NF \subset 2NF \subset 1NF$$

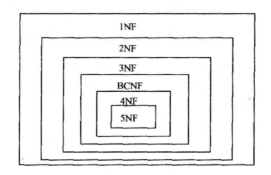

图2-6　各类范式之间的包含关系

其中外层的范式规范化程度较低，内层的范式规范化程度较高。一个低一级范式的关系模式，通过模式分解可以转换为若干高一级范式的关系模式的集合，此过程称为规范化。

（一）第一范式

如果关系模式R中的所有属性值都是不可再分解的最小数据单位，那么就称关系R符合第一范式，记作$R \in 1NF$。

第一范式是最基本的范式。不是1NF的关系称为非规范化的关系，满足1NF的关系称简为关系。1NF是对关系模式的起码要求，在关系型数据库管理系统中，涉及的研究对象都满足1NF的规范化关系。

不过关系中的属性是否都是原子的，取决于实际研究对象的重要程度。例如，在某个关系中，属性address是否是原子的，取决于该属性所属的关系模式在数据库模式中的重要程度和该属性在所在关系模式中的重要程度。如果属性address在该关系模式中非常重要，那么属性address是非原子的，还要继续细分成属性province、city、street、building和number；如果属性address不重要，可以将其认为是原子的。

（二）第二范式

如果想消除1NF关系的冗余和操作异常，就要消除其关系模式所具有的部分函数依赖，即要满足第二范式。第二范式没有3NF和巴斯范式（BCNF）重要，但是掌握它有助于培养数据库设计人员设计合理关系模式的素质。

如果一个关系模式 $R \in 1NF$ ，且每个非主属性都完全函数地依赖于R的每一关键字（或主关键字），则关系R属于第二范式，简称为2NF，记作 $R \in 2NF$ 。

由于主关键字的任选性，因而定义中"每一关键字"与"主关键字"是等价的。该定义中强调的是"所有"非主属性都必须"完全函数"依赖于关键字，由此可知，第二范式的实质是要从第一范式中去掉所有对主关键字的部分函数依赖。其方法是，将所考虑的关系分解成多个关系，一个由主关键字属性加完全函数依赖于主关键字的所有属性组成。其余则分别由各部分函数依赖中的属性组成，即部分函数依赖于相同主关键字属性的所有属性加上相应的那部分主关键字属性组成的关系，这种关系可能很多。

如图2-7中的关系STUD-COUR是1NF但非2NF，所以必须将其规范到2NF。其规范化的方法如图2-8所示，所得关系GRADES和COUR-INSTRU都是2NF的。显然，只有在组合关键字的情况下，才需要考虑1NF关系到2NF关系规范化的问题。

GRADE-REPORT

STUD#	S-NAME	MAJOR	COUR#	C-TITLE	I-NAME	I-ADDR	GRADE
2006030074	李文明	CST	CS200	PL	刘军	XYZ1	92
2006030074	李文明	CST	CS360	DS	王明华	XYZ2	84
2006030074	李文明	CST	CS420	OS	张继业	XYZ3	96
2006030074	李文明	CST	CS460	DB	王明华	XYZ2	68
2007100125	赵大元	ISYS	CS200	PL	刘军	XYZ1	83
2007110103	刘蓉润	SOFT	SF420	OS	张继业	XYZ3	70
…	…	…	…	…	…	…	…

(UNF)

STUDENT

STUD#	S-NAME	MAJOR
2006030074	李文明	CST
2006030074	李文明	CST
2006030074	李文明	CST
2006030074	李文明	CST
2007100125	赵大元	ISYS
2007110103	刘蓉润	SOFT
…	…	…

(3NF)

STUD-COUR

STUD#	COUR#	C-TITLE	I-NAME	I-ADDR	GRADE
2006030074	CS200	PL	刘军	XYZ1	92
2006030074	CS360	DS	王明华	XYZ2	84
2006030074	CS420	OS	张继业	XYZ3	96
2006030074	CS460	DB	王明华	XYZ2	68
2007100125	CS200	PL	刘军	XYZ1	83
2007110103	SF420	OS	张继业	XYZ3	70
…	…	…	…	…	…

(1NF)

图2-7 规范到1NF的例子

STUD-COUR

STUD#	COUR#	C-TITLE	I-NAME	I-ADDR	GRADE
2006030074	CS200	PL	刘军	XYZ1	92
2006030074	CS360	DS	王明华	XYZ2	84
2006030074	CS420	OS	张继业	XYZ3	96
2006030074	CS460	DB	王明华	XYZ2	68
2007100125	CS200	PL	刘军	XYZ1	83
2007110103	SF420	OS	张继业	XYZ3	70
…	…	…	…	…	…

(1NF)

GRADES

STUD#	COUR#	GRADE
2006030074	CS200	92
2006030074	CS360	84
2006030074	CS420	96
2006030074	CS460	68
2007100125	CS200	83
2007110103	SF420	70
…	…	…

(3NF)

COUR-INSTRU

COUR#	C-TITLE	I-NAME	I-ADDR
CS200	PL	刘军	XYZ1
CS360	DS	王明华	XYZ2
CS420	OS	张继业	XYZ3
CS460	DB	王明华	XYZ2
…	…	…	…

(2NF)

图2-8 1NF规范到2NF

但是第二范式的关系还是会引起一些操作上的异常。如图2-8中描述有关课程及主讲教师（假定每门课只有一位主讲教师）信息的关系COUR-INSTRU是2NF的，但它还会引起插入、删除、修改操作异常。如果想新增加一位教师，必须事先确定他至少是一门课的主讲教师，否则关于他的数据不能进入数据库。非主属性I-NAME和I-ADDR之间存在函数依赖是导致这些异常的原因，所以还需要进一步优化，去掉这种非主属性之间的函数依赖，以达到更高级的规范化程度。

（三）第三范式

如果关系模式$R \in 2NF$，且每个非主属性都不传递依赖于R的码，则称关系R属于第三范式，简称为3NF，记作$R \in 3NF$。

此定义的含义即为，若$R \in 3NF$，则每一个非主属性既不部分依赖于码也不传递依赖于码。由此可知，第三范式的实质是要从第二范式中去掉非主属性对码的传递函数依赖。

其中，Sno为学生的学号；Cno为课程号；Grade为成绩；Sloc为学生的住处，并且每个系的同学住在同一地方；Sdept为所在系。如图2-9中关系模式SC没有传递依赖，而图2-10中关系模式S-L存在非主属性对码的传递依赖。在S-L中，由Sno→Sdept，（Sdept↛Sno），Sdept→Sloc，可得Sno$\xrightarrow{传递}$Sloc。因此$SC \in 3NF$，而$S\text{-}L \notin 3NF$。

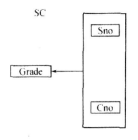

图2-9　SC中的函数依赖

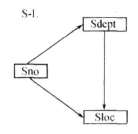

图2-10　S-L中的函数依赖

一个关系模式R若不符合3NF，就会产生与2NF相类似的问题。读者可以类比2NF的反例加以说明。解决的办法同样是将S-L进行分解，分解的原则和方法与2NF规范化时遵循的原则相同，分解结果为：

S-D（Sno，Sdept）；D-L（Sdept，Sloc）

分解后的关系模式S-D与D-L中不再存在传递依赖。

（四）BC范式

第二范式和第三范式都是以关系模式中的非主属性对主码的依赖关系为讨论的对象，但是主属性对主码也有依赖关系，BC范式（Boyce–Codd Normal Form，BCNF）讨论的就是主属性对于主码的依赖程度。BCNF建立在1NF的基础之上，是对3NF的修正。

关系模式R（U）中，X、Y分别是属性集的两个子集，且X与Y无公共属性，Y完全函数依赖X（$X \rightarrow Y$），则称X为关系模式R（U）的决定因素。

若关系模式$R \in 1NF$，且其中的每一个决定因素都是R的候选关键字，则称关系R（U）符合BC范式，记为$R \in BCNF$。

由定义可知，一个满足BCNF的关系模式有下列性质：

①关系模式所有的非主属性对每一个候选码都是完全函数依赖；

②关系模式所有的主属性对每个不包含它的码也是完全函数依赖；

③关系模式中不存在任何属性完全函数依赖于任何一组非码属性。

例2.1：在关系SCT（$S\#$，$C\#$，T）中，如图2-11所示，$S\#$为学生号，$C\#$为课程号，T为教师。规定每个教师只教一门课，每门课有若干教师教，一个学生选定某门课就对应一个教师。由上述语义可得如下的函数依赖关系，如图2-12所示。

SCT（$S\#$，$C\#$，T）

（$S\#$，$C\#$）$\rightarrow T$

（$S\#$，T）$\rightarrow C\#$

$T \rightarrow C\#$

SCT

S#	C#	T
S1	C2	T1
S2	C1	T2
S1	C3	T3
S2	C2	T1
S3	C1	T4

图2-11　SCT关系

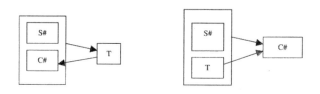

图2-12　SCT数据依赖

由于（S#，C#）与（S#，T）均为候选关键字，并且不存在任何非关键字属性对关键字的传递依赖或部分依赖，所以关系SCT是3NF。但因为属性T是决定因素，却不是候选关键字，所以关系SCT不是BCNF。

非BCNF关系模式也会遇到异常问题。如在SCT关系中删除了S2学生选修的课程C1的元组，就会同时丢失T2讲授C1课程的信息。当将SCT分解成如图2-13所示的关系SC和CT后，就不会有上述的异常问题了，且关系SC和CT都是BCNF。

SC

S#	C#
S1	C2
S2	C1
S1	C3
S2	C2
S3	C1

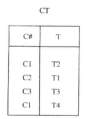

CT

C#	T
C1	T2
C2	T1
C3	T3
C1	T4

图2-13　关系SCT分解后的关系组

由上述分析可知：如果 $R \in BCNF$ ，那么将消除任何属性对码的部分函数依赖和传递函数依赖，所以有 $R \in 3NF$ ；但反之，如果 $R \in 3NF$ ，R并不一定是BCNF。BCNF是在函数依赖的条件下，对一个关系模式进行分解所能达到的最高程度，如果一个关系模式R（U）分解后得到的一组关系都属于BCNF，那么在函数依赖范围内，这个关系模式R（U）已经彻底分解了，消除了插入、删除等异常现象。

（五）多值依赖与第四范式

1. 多值依赖

符合BCNF的关系模式在函数依赖范畴内是一个完美的关系模式，它最大限度地消除了数据冗余和操作异常的问题。但是数据操作异常问题在函数依赖以外的情况下也是有可能出现的。

多值依赖（Muhivalued Dependency，MVD）是指两个属性或属性集相互独立。下面给出多值依赖的定义。

假设R（U）是属性全集U上的一个关系模式，X、Y、Z是U的子集。并且存在Z=U−X−Y。对R（U）中任意给定的一个关系r，如果有下述条件成立，就称Y多值依赖于X，记为$X \rightarrow \rightarrow Y$：

（1）对于关系r在X上的一个确定的值，都有r在Y中一组值与之对应；

（2）Y的这组对应值与r在Z中的属性值无关。

如果$X \rightarrow \rightarrow Y$，但$Z \neq \varnothing$，则称非平凡多值依赖，否则称为平凡多值依赖。

函数依赖是多值依赖的特殊情况，多值依赖是函数依赖概念的广义形式，两者是有区别的。多值依赖给出多对多联系，而函数依赖只给出多对一联系，这意味着每个函数依赖都包含一个相应的多值依赖。

通过下面的例子对多对多联系关系模式中存在的问题进行说明。

例2.2：设有一个授课关系模式（课程名，姓名，教材名），具体关系如表2-6所示。从表2-6中可以看出，"数据结构"这门课有三个任课教师，它有两种参考书；"程序设计"课也有两个任课教师，它有三种参考书。该关系的主键为"课名、姓名和教材名"。显然，关系授课∈BCNF，但是该关系的数据冗余很大，而且当给某门课程增加一名教师时，将要插入多个元组（插入异常），同样还存在删除异常。很显然，不能用前面学过的模式分解方法将其规范化，因为关系属性间存在的依赖关系有别于函数依赖。

表2-6 关系授课元组

课程名	姓名	教材名
数据结构	张静	数据结构
数据结构	张静	数据结构基础
数据结构	林芳	数据结构
数据结构	林芳	数据结构基础
数据结构	刘天民	数据结构
数据结构	刘天民	数据结构基础
程序设计	李刚	程序设计
程序设计	李刚	程序设计基础
程序设计	李刚	高级程序设计
程序设计	吴小环	程序设计
程序设计	吴小环	程序设计基础
程序设计	吴小环	高级程序设计

通过上面授课关系的分析，可发现它有以下两个特点：

①给定一个课程名，可以有一组（0、1或多个）姓名值与之对应。

②课名与姓名之间的对应关系与教材名值无关。

通常情况下，具有这些特点的属性依赖关系即为多值依赖，表示为课程名→→姓名。

多值依赖具有下面一些性质：

①若$X \rightarrow \rightarrow Y$，必有$X \rightarrow \rightarrow U-X-Y$，其中（$X,Y \subset U$）。

②若$X \rightarrow Y$，则必有$X \rightarrow \rightarrow Y$，即$X \rightarrow Y$是$X \rightarrow \rightarrow Y$的特例。

说明：我们讨论了关系模式中的多值依赖，而函数依赖是多值依赖的一种特例，这并不意味着就不需要函数依赖。恰恰相反，一般来说，不但要找出关系模式中的所有多值依赖关系，还要找出关系模式中的所有函数依赖。这样，一个完整的关系模式就可能同时包含一个函数依赖集和一个多值依赖集。非平凡多值依赖的存在会造成该关系模式产生数据冗余及操作异常，为了解决这一问题，必须对上面的关系模式进行比BCNF更高一级的规范化，为此引入第四范式。

2. 第四范式

上面的例子数据冗余量特别大，而且还有其他异常现象。如果把上面的授课关系分解成两个关系S和T（见表2-7与表2-8），它们的冗余度会明显下降。

表2-7 关系S

课程名	姓名
数据结构	张静
数据结构	林芳
数据结构	刘天民
程序设计	李刚
程序设计	吴小环

表2-8 关系T

课程名	教材名
数据结构	数据结构
数据结构	数据结构基础
程序设计	程序设计
程序设计	程序设计基础
程序设计	高级程序设计

从多值依赖的角度看，这两个关系各对应一个多值依赖：

课程名 → → 姓名

课程名 → → 教材名

它们都是平凡多值依赖。因此，在多值依赖时解决数据冗余和异常现象的方法是，把关系分解成仅含平凡多值依赖的多个关系。为此，第四范式（4NF）是一个条件比BCNF更苛刻的范式。

如果关系模式$R（U）\in 1NF$，且对R的每个非平凡多值依赖$X\rightarrow \rightarrow Y$（$X$不包含$Y$），且$X$包含关键字，则称$R（U）$满足第四范式，记为$R\in 4NF$。

由此看来，4NF就是限制关系模式的属性之间不允许有非平凡且非函数依赖的多值依赖。一个满足4NF关系模式的特点如下：

①该关系模式中所有的依赖都满足BCNF。

②该关系模式中可能的多值依赖都是平凡多值依赖。

在关系数据库中，对关系模式的基本要求是满足第一范式。为了消除关系模式存在插入异常、删除异常、修改复杂和数据冗余等毛病，在此基础上，要对关系模式进一步规范化，使之逐步达到2NF、3NF、BCNF和4NF。

对于一个已经满足1NF的关系模式，当消除了非主属性对主键的部分函数依赖后，它就属于2NF；当消除了主属性对主键的部分和传递依赖函数，它就属于3NF；当消除了主属性对主键的部分和传递函数依赖，它就属于BCNF；而当消除了非平凡且非函数依赖的多值依赖，它就属于4NF。其规范化过程如图2-14所示。

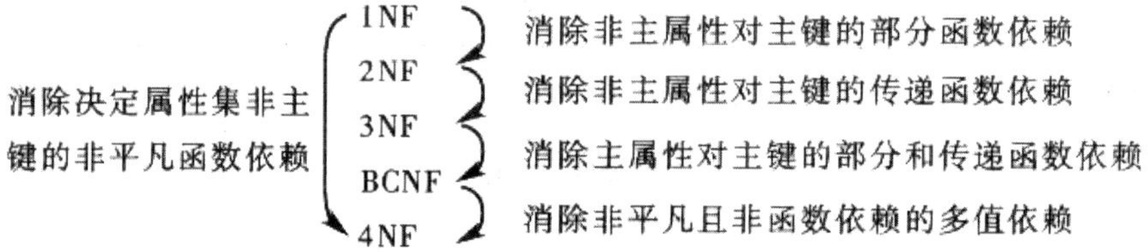

图2-14 各种模式及规范化过程

函数依赖和多值依赖是两种最重要的数据依赖。如果只考虑函数依赖，那么属于BCNF的关系模式规范化程度已经是最高的了；如果考虑多值依赖，那么属于4NF的关系模式是规范化程度最高的。实际上，数据依赖不但有函数依赖和多值依赖，还有其他的数据依赖。

如果消除了属于4NF关系模式中存在的连接依赖，就可以进一步达到5NF的关系模式。关于连接依赖和5NF将在下文进行讨论。

（六）连接依赖与第五范式

1. 连接依赖（JD）

函数依赖是多值依赖的一种特殊情况，而多值依赖实际上又是连接依赖的一种特殊情况。将关系投影分解后再通过自然连接重组时，连接依赖应是函数依赖的最一般形式，不存在更一般的依赖使得连接依赖是它的特殊情况。

连接依赖像函数依赖、多值依赖一样，反映属性之间的相互约束，不过，连接依赖不像函数依赖和多值依赖那样能够由语义直接导出，它只有在关系的连接运算时，才能反映出来，是为了实现关系的无损连接而引入的约束。

例如，将一个关系*R*（*U*）进行投影分解成*S*与*T*两个关系，若利用连接运算能将*S*与*T*连接成*R*，则称此连接运算为无损失连接，如图2–15所示。

$$S=\prod x,y(R),T=\prod y,z(R)$$

即 $R=S*T$

R

X	Y	Z
X1	Y1	Z1
X2	Y2	Z2
X3	Y3	Z3

S

X	Y
X1	Y1
X2	Y2
X3	Y3

T

Y	Z
Y1	Z1
Y2	Z2
Y3	Z3

(a) 关系 R 的分解

S

X	Y
X1	Y1
X2	Y2
X3	Y3

*

T

Y	Z
Y1	Z1
Y2	Z2
Y3	Z3

=

R

X	Y	Z
X1	Y1	Z1
X2	Y2	Z2
X3	Y3	Z3

(b) 关系 R 的重组

图2–15　无损失连接

假定 $R(U)$ 为关系模式，X_1，X_2，$\cdots$，X_k 为属性集 U 的子集，且 $U = X_1 \cup X_2 \cup \cdots \cup X_k$，$r$ 为 $R(U)$ 上的任意一个具体关系，如果满足 $r = \underset{i=1}{\overset{k}{\bowtie}} \left[\prod_{xi} r \right]$，则称 $R(U)$ 在 X_1，X_2，$\cdots$，X_k 具有 k 目连接依赖，（k–JD）用 JD[X_1，X_2，$\cdots$，X_k] 来表示。

如果不对具有连接依赖的关系模式进行分解，则对该模式的关系进行操作会出现困难和异常等。如插入异常、删除异常和修改困难等，并且存在着数据冗余严重等问题。

2. 第五范式

假定 $R(U)$ 为一关系模式，当且仅当 $R(U)$ 的每个连接依赖都按照它的候选关键字进行连接运算时，则称关系模式 $R(U)$ 符合第五范式，记为 5NF。

还可以称第五范式为投影连接范式，记为 PJNF。

如图2-15（b）所示的关系R的连接依赖为JD[XY，YZ]，其连接运算不是按候选关键字进行的，所以关系R是一个4NF关系，不是5NF。如图2-16所示关系R是一个5NF，其连接运算是按候选关键字进行的，即

$$R = V * W$$

V				W				R		
A	B			B	C			A	B	C
a1	b1		*	b1	c1		=	a1	b1	c1
a1	b2			b1	c2			a1	b1	c2
a2	b3			b3	c1			a2	b3	c1

图2-16　5NF关系

从原则上说，利用逐步分解的方法可以将任何一个非5NF的关系都分解成一组5NF的关系，每个关系中不存在任何连接依赖。这就是说5NF是可以达到的。

判定一个关系是否为5NF，需要知道该关系的全部候选关键字和连接依赖，然后判断每个连接是否按照候选关键字进行。不过，正确地判断一个关

系是否为5NF仍然是困难的，因为要想找出一个关系的所有连接依赖是非常困难的。

若一个关系是3NF的，并且它的每个关键字都是单属性，则它是5NF的。这个结论在实际应用中非常重要，它使得在判断一个关系是否为5NF时，不必考虑其MVD和JD问题。

（七）更多的依赖与范式

1. 域关键字范式

1981年，R.Fagin提出了一种概念上很简单的范式，称为"域关键字"（domain-key）范式，记为DKNF。它的定义是这样的：若一个关系的每一约束都是对其关键字约束（关于属性构成关键字的约束）和域约束（关于属性取值的域约束）的逻辑结果，则该关系是DKNF的。这里的"每一约束"包括FD、MVD和JD等约束，因而它给出了一个不同于以前的一般化范式定义。但是，它未能提供一种转换给定关系到DKNF的方法，所以DKNF是否总是能达到及何时能达到等问题还没有解决。

2. 包含依赖

MVD和JD远没有FD那么普遍，并且难识别和推导（尤其是JD），但可以使用它们来指导数据库设计。相比之下，有一种非常直观而普遍的依赖（约束），即包含依赖。

直观地说，包含依赖表明"一个关系的某些属性被包含在别的关系的某些属性之列"。外来关键字是包含依赖的一个例子。

参与包含依赖的属性，在进行模式分解时不能分开。例如，若有一个包含依赖 $X \subseteq Y$，那么在分解含有X的模式时，必须保证至少有一个分解所产生的模式包含整个X属性集。否则必须还原包含X的原关系，才能检测 $X \subseteq Y$ 约束（即包含依赖）。

在实际应用中，大多数包含依赖都是针对关键字的。

3. 关系间依赖

所谓关系间依赖，就是在一个关系中某属性的值（或属性本身）的存在依赖于另一关系中有关属性值（或属性本身）的一个谓词的满足。包含依赖即为这种关系间依赖的一种特例。例如，约束"平均成绩90分以上且单科成绩最低80分的学生，其月奖学金500元"就是关系"奖学金"和"成绩记录"间的依赖。

依赖和范式都是一种约束。到目前为止，除了本节刚刚提到的包含依赖外，前面所叙述的所有依赖与范式都是针对单个关系的，一直未涉及关系之间的约束。关系间的约束是一种语义约束，由于它使我们能控制数据库的完整性，因此是一种很重要的数据依赖。近年来有的DBMS产品引入关系间约束，但总体来说，还有待于进一步研究与完善。

J·D·Ullman等还对依赖进行了一般化的研究，同时提出了所谓"一般化依赖"（generalize dependency）的概念，以此来概括FD、MVD、JD等各种依赖，并给出一种"追赶过程"（chase process），以期解决一个一般化依赖集D是否蕴含一个给定的一般化依赖d的问题。

第二节 数据库设计方法与流程

一、数据库设计任务

数据库系统的生命周期分为两个重要的阶段：一是数据库系统的设计阶段，二是数据库系统的实施和运行阶段。其中数据库系统的设计阶段是数据库系统整个生命周期中工作量比较大的一个阶段，其质量对整个数据库系统的影响很大。

数据库系统设计的基本任务是：根据一个组织部门的信息需求、处理需求和数据库的支持环境（包括DBMS、操作系统和硬件），设计出数据模式，包括外模式、逻辑（概念）模式和内模式及典型的应用程序。其中信息需求表示一个组织部门所需要的数据及其结构；处理需求表示一个组织部门需要经常进行的数据处理，例如工资计算、成绩统计等。前者表达了对数据库的内容及结构的要求，也就是静态要求；后者表达了基于数据库的数据处理要求，也就是动态要求。DBMS、操作系统和硬件既是建立数据库系统的软、硬件基础，也是其制约因素。为了便于理解上面的概念，下面举一个具体的例子。

某大学需要利用数据库来存储和处理每个学生、每门课程以及每个学生所选课程及成绩的数据。其中每个学生的属性有姓名（Name）、性别（Sex）、出生日期（Birthdate）、系别（Department）、入学日期（Enter Date）等；每门课程的属性有课程号（Cno）、学时（Ctime）、学分（Credit）、教师（Teacher）等；学生和课程之间的联系是学生选了哪些课程以及学生所选课程的成绩或所选课程是否通过等。以上这些都是这所大学需要的数据及其结构，属于整个数据库系统的信息需求。而该大学在数据库上做的操作，例如统计每门课的平均分、每个学生的平均分等，则是此大学需要的数据处理，属于整个数据库系统的处理需求。最后，此大学运行数据库系统的操作系统（Windows、Unix）、硬件环境（CPU速度、硬盘容量）等，也是数据库系统设计时需要考虑的因素。

信息需求主要是定义数据库系统将要用到的所有信息，包括描述实体、属性、数据之间的联系以及联系的性质，处理需求则定义所设计的数据库系统将要进行的数据处理，描述操作的优先次序、操作执行的频率和场合，描述操作与数据之间的联系。当然，信息需求和处理需求的区分不是绝对的，只不过侧重点不同而已。信息需求要反映处理的需求，处理需求自然包括其所需的数据。

通过上面的分析我们看到，数据库系统设计的任务有两个：一是数据模式的设计，二是以数据库管理系统（DBMS）为基础的应用程序的设计。应用程序是随着业务的发展而不断变化的，在有些数据库系统中（例如情报检索），事先很难编出所需的应用程序或事务，因此，数据库系统设计的最基本任务是数据模式的设计。不过，数据模式的设计必须适应数据处理的要求，以保证大多数常用的数据处理能够方便、快速地进行。

二、数据库设计的特点

大型数据库的设计和开发是一项庞大的工程，是涉及多学科的综合性技术。数据库建设是指数据库应用系统从设计、实施到运行与维护的全过程。数据库建设和一般的软件系统的设计、开发、运行与维护有许多相同之处，也有其自身的一些特点。

（一）数据库建设的基本规律

数据库建设中不仅涉及技术，还涉及管理。要建设好一个数据库应用系统，开发技术固然重要，但是相比之下管理更加重要。这里的管理不仅包括数据库建设作为一个大型的工程项目本身的项目管理，而且还包括该企业（即应用部门）的业务管理。

企业的业务管理更加复杂，也更重要，对数据库结构的设计有直接影响。这是因为数据库结构（即数据库模式）是对企业中业务部门的数据以及各个业务部门之间数据联系的描述和抽象。业务部门数据以及各个业务部门之间数据的联系是和各个部门的职能、整个企业的管理模式密切相关的。

人们在数据库建设的长期实践中深刻认识到一个企业数据库建设的过程是企业管理模式的改革和提高的过程。只有把企业的管理创新做好，才能实现技术创新，才能建设好一个数据库应用系统。

在数据库设计中数据的收集、整理、组织和不断更新是数据库建设的重要环节。人们往往忽视基础数据在数据库建设中的地位和作用。

基础数据的收集、入库是数据库建立初期工作量最大、最烦琐、最细致的工作。在以后的数据库运行过程中需要不断地把新的数据加到数据库中，使数据库成为一个"活库"。数据库一旦成了"死库"，系统也就失去了应用价值，原来的投资也就失败了。

因此，"三分技术，七分管理，十二分基础数据"是数据库设计的一大特点。

（二）结构（数据）设计和行为（处理）设计相结合

数据库设计应该和应用系统设计相结合，即整个设计过程中要把数据库结构设计和对数据的处理设计密切结合起来，这是数据库设计的第二大特点。

但是，在早期的数据库应用系统开发过程中，经常把数据库设计和应用系统的设计分开，如图2-17所示。由于数据库设计有其专门的技术和理论，因此需要专门来讲解数据库设计，但这并不等于数据库设计和在数据库之上开发应用系统是相互分离的。相反，必须强调设计过程中数据库设计和应用程序设计的密切结合，并将其作为数据库设计的重要特点。

传统的软件工程忽视对应用中数据语义的分析和抽象。例如，结构化设计（Structure Design，SD）方法和逐步求精的方法着重于处理过程特性，只要有可能就尽量推迟数据结构设计决策。这种方法对于数据库应用系统的设计显然是不妥的。

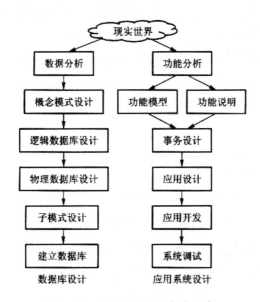

图2-17 结构和行为分离的设计

早期的数据库设计致力于数据模型和数据库建模方法的研究，着重结构特性的设计而忽视了行为的设计对结构设计的影响，这种方法也是不完善的，因此要强调在数据库设计中把结构特性和行为特性结合起来。

另外，数据库设计还具有以下特点：

（1）反复性（iterative）。数据库系统的设计不可能"一气呵成"，需要反复推敲和修改才能完成。前阶段的设计是后阶段设计的基础和起点，后阶段也可向前阶段反馈其要求。如此反复修改，才能比较圆满地完成数据库系统的设计。

（2）试探性（tentative）。与解决一般问题不同，数据库系统设计的结果经常不是唯一的，所以设计的过程通常是一个试探的过程。由于在设计过程中，有各种各样的需求和制约因素，它们之间有时可能会相互矛盾，因此数据库系统的设计结果很难达到非常满意的效果，常常为了达到某些方面的优化而降低了另一方面的性能。这些取舍是由数据库系统设计者权衡本组织部门的需求来决定的。

（3）分步进行（multistage）。数据库系统设计常常由不同的人员分阶段地进行。这样既使整个数据库系统的设计变得条理清晰、目的明确，又是技术上分工的需要。而且分步进行可以分段把关，逐级审查，能够保证数据库系统设计的质量和进度。尽管后阶段可能会向前阶段反馈其要求，但在正常情况下，这种反馈修改的工作量不应是很大的。

三、数据库设计方法学

数据库设计方法学是利用现有的原则、工具和技术的结合，用于指导实施数据库系统的开发和研究的学科。数据库设计方法学主要就是研究如何规范开发数据库设计的方法以及注意事项的科学。

随着数据库技术的发展，数据库设计的方法层出不穷，常见的方法有以下几种：

· 基本设计法；

· 关系模式的设计方法；

· 新奥尔良方法（New Orleans）；

· 基于E-R模型的数据库设计方法；

·基于3NF的设计方法；

·基于抽象语法规范的设计方法；

·计算机辅助数据库设计方法。

以上方法，可视系统结构复杂程度、应用环境等不同情况选择使用。其中，新奥尔良方法是比较常用的方法。

选择一种适合的设计方法应考虑如下原则：首先，设计人员能够以合理的工作量了解用户关于系统功能、性能、安全性、完整性及更新要求等各方面的要求；其次，设计方法应该灵活通用，能够为不同层次设计人员所掌握；最后，设计方法应具有确定性，不同的设计人员使用同样的方法解决同样的问题，应得到相近的结果。

以此为标准，一个数据库设计方法应至少具备以下内容。

1. 设计过程

数据库设计过程应由一系列步骤组成，每一步都应产生明确的结果。一旦某一步结果不能满足用户的要求，设计人员可以很快返回至前面任何一步，从那里重新设计。例如，新奥尔良法分五步：①共同需求分析；②信息分析和定义；③逻辑设计；④模式评价；⑤模式求精。

这五个步骤都是线性关系，除第一步，前一步都是后一步的原料，后一步骤负责检查前面各步骤的错误，如有错误则返回前面出错的步骤进行修改，如没有错误则继续下一步，直到系统设计完成。

2. 设计技术

设计过程的每一步都需使用一系列的设计技术。因为数据库设计的应用对象千差万别，所以很难找到一种适合所有应用对象的技术和工具。有时，设计者的经验和知识就决定了设计技术的高低。

3. 评价标准

任何一个设计方案都应有统一的评价标准。评价标准可分为定性和定量两方面：

（1）定量方面：包括开发成本、更新成本和查询响应时间等各种硬性指标；

（2）定性方面：包括系统的灵活性、系统的适应性、系统的恢复和重新启动能力以及系统的扩充能力等。在进行系统评价时，设计人员可以根据这两方面的标准来衡量系统的质量。当然，最终系统设计是否成功取决于用户是否满意。

4. 信息需求

数据库设计的整个过程都需要需求信息。信息分两类：结构信息和用法信息。结构信息是描述数据库中所有数据的本质及其联系；用法信息是描述应用程序中使用的数据及其联系。

5. 描述机制

在设计的各个阶段，不同层次人员都需要利用简单统一的模型来表达各阶段涉及的相关信息。这样，即使涉及较多信息的数据库设计，相关人员仍然能在理解它们时保持一致。

四、数据库设计的主要步骤

数据库应用软件和其他软件一样，也有诞生和消亡的过程。数据库应用软件作为软件，其生命周期可以看作三个时期：软件定义时期、软件开发时期和软件运行维护时期，如图2-18所示。

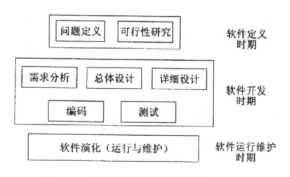

图2-18　数据库应用软件的生命周期

按照规范化设计方法，从数据库应用系统设计和开发的全过程来考虑，又可将数据库及其应用软件系统生命周期的三个时期细分为六个阶段（数据库设计的步骤）：需求分析、概念结构设计、逻辑结构设计、物理结构设计、实施及运行与维护，如图2-19所示。

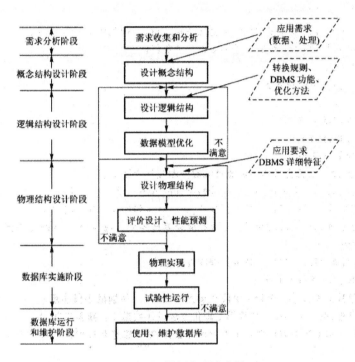

图2-19　数据库设计步骤

这六个阶段的主要工作如下。

1. 需求分析阶段

根据具体的需求进行调研，从数据库的所有用户那里收集对信息的需求和对信息处理的需求，并对这些需求进行规格化处理和分析，以书面形式确定下来，写成用户和设计人员都能接受的需求说明书，作为以后验证系统的依据。在分析用户要求时，要确保用户目标的一致性。需求分析阶段的输入和输出如图2-20所示。

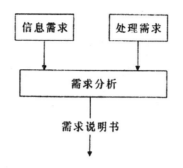

图2-20 需求分析阶段的输入和输出示意图

2. 概念结构设计阶段

将需求说明书中关于信息的需求进行综合，根据数据库设计的原则和方法，设计出现实世界向信息世界转换的概念模型。概念模型独立于具体的DBMS，用E-R图来描述，一般先从具体的某个应用入手，设计出局部的E-R图，然后把这些局部E-R图合并起来，消除冗余、缺陷和潜在的矛盾，得出系统的总体E-R图。概念结构设计是整个数据库设计的关键，它通过对用户需求进行综合、归纳与抽象，形成一个独立于具体DBMS的概念模型。

3. 逻辑结构设计阶段

逻辑结构设计分为两部分，即数据库结构设计和应用程序设计。从逻辑结构设计导出的数据库结构是DBMS能接受的数据库定义，这种结构有时也称为逻辑数据库结构，它将概念结构转换为某个DBMS所支持的数据模型，并对其进行优化，即将E-R模型转换成某种DBMS支持的数据模型。由于一种特定的DBMS只支持一种数据模型，所以DBMS一经确定，数据模型类型也就确定了。现在的DBMS基本上都是支持关系模型的，所以一般将E-R模型转换为关系模型。

4. 物理结构设计阶段

物理结构设计分为两部分，即物理数据库结构的选择和逻辑结构设计中程序模块说明的精确化。这一阶段的工作成果是一个完整的能实现的数据库结构。数据库物理结构设计是为逻辑数据模型选取一个最适合应用环境的物理结构（包括存储结构和存取方法）。为数据模型在设备上选择合适的存储结构和存取方法，主要包括数据库文件的组织形式、存储介质的分配、存取路径的选择以及数据块大小的确定等。

5. 实施阶段

实施阶段主要有三项工作：建立实际数据库结构；装入试验数据对应用程序进行调试；装入实际数据。

在数据库实施阶段，设计人员运用DBMS提供的数据语言及其宿主语言，根据逻辑设计和物理设计的结果建立数据库，编制与调试应用程序，组织数据入库，并进行试运行。

6. 运行与维护阶段

数据库系统的正式运行，标志着数据库设计与应用开发工作的结束和维护阶段的开始，这时，要收集和记录实际系统运行的数据。利用数据库的运行记录来不断完善系统性能和改进系统功能，进行数据库的再组织和重构造。其主要任务有四项：维护数据库的安全性与完整性；检测并改善数据库运行性能；根据用户要求对数据库现有功能进行扩充；及时改正运行中发现的系统错误。

五、数据库应用特征的考虑

不同的应用环境具有各自的应用特征，而在不同应用环境下的数据亦表现出不同特点。它们对数据库系统开发的各个方面（包括数据库的逻辑与物理结构、数据模型与数据库管理软件的选择、系统的性能等）都施加很大的影响。

数据特征有许多，这里主要考虑对数据库设计有影响的特征分类，具体说明如下。

（1）易变性。指数据随时间而变的速率。有的数据基本不变或很难变，如"姓名""街道名""电话号码"等；有的则非常频繁甚至连续地变化，如"日户量""股票价格"、飞机飞行时的"飞行速度"等。前者可称为静态数据，后者就叫易变数据。

易变或静止的数据要求有不同的结构形式（包括逻辑和物理的结构）、存取方法与处理方式，因而要求不同功能特性的DBMS支持。设计时应分析确定各类数据的易变性或静止性，以便区别对待。

（2）活跃性。涉及数据被存取的概率的大小。对数据的存取也存在所谓的"80-20规则"，即大部分数据库活动集中在少部分的某些数据上，我们称这种数据为活跃数据。应该保证活跃数据具有比不活跃数据更大的可存取性。

（3）流行性。当数据库服务的现实世界发生变化时，数据库中相应的数据就要变更以反映其实际状况。用来表示数据库所反映的状态和现实世界当前真实状态一致性的数据特性称为流行性。不同的数据有不同的流行性要求，它表明了现实事件的发生时间到该事件的数据被记录到数据库中的时间两者之间可允许的延迟。一般有"当前流行""未来流行"和"过时流行"之分。例如，航空管理系统中关于未来、当前和过去航班的数据分别是未来流行、当前流行和过去流行的。

数据流行性的实现代价是较高的，它要求系统支持数据通信、联机的实时数据库维护，进而要求整体安全性、故障恢复的支持和提供适应快速修改的数据结构。当前的商务与管理型数据库大都忽略了这类数据特征。

（4）敏感性。敏感性也可叫关键性，指的是数据对组织的影响度。有的数据对组织无足轻重，若丢失或遭到破坏对组织不产生太大影响，而有的数据则对组织至关重要，其丢失或破坏甚至会影响组织机构的正常运转或成败。

对敏感数据必须提供恰当的安全保护和丢失或毁坏后的恢复机制，这要求DBMS具有相应的安全机制与故障恢复设施。

正如数据特征要施加很大影响于数据库设计一样，应用特征也是如此。应用的分类是一个较复杂的过程，该过程也是数据库设计成功的关键。有许多的因素必须考虑和判断，这里给出在确定应用需求时必须明确答案的几个问题。

（1）应用价值。实现数据库应用的价值是首先要考虑的问题。在一个组织单位中，并非所有的应用都一定要基于数据库实现，所有的数据都必须（或适合）放到数据库中。这要具体分析，数据库对于有的应用可能没有太大意义，而有的则可能有极大的价值，以致它完全要依赖于数据库系统工作。

数据一旦进入数据库被集成共享，则有三个问题：数据的可用性、存取方式、响应时间要求，三者用户和设计者都必须考虑。应用价值对数据库边界的确定起决定性作用，对数据库设计的最终成败有极大影响。

（2）应用受益者。当建立一个数据库时，首先要确定组织的哪一层用户将是数据库系统的主要受益者，这是很重要的。支持业务处理层和计划决策层的数据库系统可能完全不一样，它们分别属于联机事务处理（OLTP）和联机分析处理（OLAP）的范畴。前者是业务数据库（operational database），要求频繁的数据库存取和维护操作，支持预先程序设计的应用；后者是决策数据库（executive database），主要进行各种复杂查询操作和大量历史数据统计，要求对数据库的非预先定义的即席存取。

（3）数据可用性。数据可用性或称有效性，是指合适的用户在合适的时间能获得合适的数据。这隐含着数据的安全性、完整性、一致性和并发的定义与控制问题。

（4）存取方式。通常，DBMS可以提供三种数据存取方式：顺序、随机和索引存取，这些存取方式是针对逻辑观点而言的。设计者可以选择不同的存取方式，选择一种或多种，而不同的方式在数据结构、恢复与重启动以及安全性保护等方面要求DBMS的不同支持。

（5）响应时间。响应时间极大地影响系统实现所要求的硬件与软件特性，还要求设计者具体估算数据量和要处理的事务量。

第三节 云计算环境下可搜索加密数据库系统的设计

可搜索数据库加密系统——SSDB（Searchableand Secure Database）针对传统的数据库加密方式不能兼顾数据安全性和可操作性的问题，主要面向关系数据库，支持在密文上直接执行SQL语句。下面将介绍该系统的详细设计。

一、体系结构

SSDB将数据库服务器端视为不可信端。用户输入SQL语句，系统将其中涉密的明文数据加密成密文后，存储在服务器端。执行SQL语句时，由该系统对语句进行改写，隐藏列名并对其中的明文进行加密，同时对数据库中的加密模型动态调整，使改写后的语句能够直接在密文上执行。服务器端返回密文结果，由该系统对结果集解密。系统体系结构如图2-20所示。

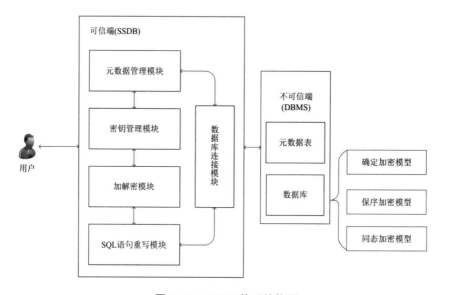

图2-20 SSDB体系结构图

该系统由五个核心模块组成：元数据管理模块、密钥管理模块、加解密模块、SQL语句重写模块和数据库连接模块，这些模块是为了解决不同需求而设计的。在数据库服务器端设置有元数据表，这是为了配合密钥管理模块对静态密钥进行管理，而存储用户数据的数据库表中则设计有三种不同的加密模型，这些模型是该系统支持快速密文查询及运算的关键部分，接下来将分别进行详细介绍。

二、加密模型

CryptDB利用"洋葱"加密模型将多种部分同态的加密算法组合，创新性地构建了可搜索的加密方案，回避了全同态方案效率低的问题，支持多种关系数据库中的运算，使直接在密文数据上完成运算成为可能。基于同样的目的，SSDB中设计了新的加密模型，如图2-21所示，分别为等值加密模型、保序加密模型、同态加密模型。对于数值型数据，采用三种加密模型分别加密，而对于字符型数据，则仅使用等值加密模型加密。与CryptDB不同，SSDB的加密模型采用"扁平"式的加密方案，加密层限定在两层之内，这样做可以更加灵活地变换加密的层级，从而更快地响应密文运算。此外，SSDB选择了效率更高的加密算法，使其能够达到保护隐私数据的要求。

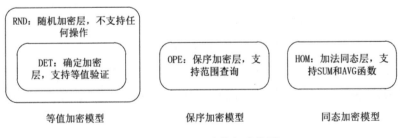

图2-21　SSDB中的加密模型

三、数据库设计

数据经过AES算法加密后的密文是二进制，不利于传输和存储，因此可以使用BASE64编码，将二进制数据转换为字符型数据。

在数据进行加密后，数据的格式也会发生变化，如int型的明文，其确定加密模型对应的列的数据类型为text型。这部分明文信息需要保存下来，因此我们设计了元数据表来保存这些信息，表2-9是元数据表的结构示例图。

表2-9 元数据表结构示例图

表名	列名	列中明文类型	保序加密密钥	同态加密密钥
T1	C1	int		
T1	C2	double		
T1	C3	char	null	null

C1、C2、C3，这些列名都是没有经过处理的明文下的列名，存储的明文类型分别为int、double、char。对于数值型数据，元数据表存储了保序加密密钥和同态加密密钥，而对于字符型数据，这两列则设置为null。

四、核心功能模块

（一）SQL语句改写模块

该模块对用户提交的SQL语句进行解析，分析查询类型，包括Create、Select、Insert、Update、Delete，交给不同的解析函数处理，解析函数会对语句中包含的明文数据进行加密，并且对列名进行修改，通过一个例子说明：

输入：select name from student where id=1;

输出：select name DET from student where id DET='Edaf/-dfgk==';

说明：解析函数调用加解密模块对明文数字1进行加密，并且将列名id改写为id DET，代表在密文上将使用DET加密的列，select…from部分的列名也将被改写。

输入：select sum（grade）fromgrade;

输出：selectsum（grade_HOM1），sum（grade_HOM2），sum（grade_HOM3），sum（grade_HOM4），sum（grade_HOM5）fromgrade;

说明：对于SUM函数以及AVG函数，我们需要使用HOM列，其中包括五列密文分片，需要分别从各个分片中得到部分结果，因此需要将一列扩展为五列。

（二）密钥管理模块

由于算法的差异性，需要针对不同的算法采用不同的管理方案：

①对于等值加密模型，使用的是AES算法的ECB模式，其密钥产生策略为：

$$K_{mk,c,t}=KeyGen（Master\ mk,Column\ c）$$

当需要使用等值加密模型进行加解密时，密钥管理模块通过主密钥和列名动态生成一个工作密钥，提供给加密算法，这样的做法有两点好处：一是不需要保存密钥，而是密钥与列名有关，可以在不变换密钥的前提下进行等值连接。

②对于保序加密模型，根据使用的算法，其密钥是三个秘密参数，$a,b,sens$。在创建表时由元数据表调用密钥管理模块产生该密钥，该密钥是一列一密的，并且无法动态生成，所以需要保存在元数据表中。

③对于同态模型，密钥由多个实数元组构成，这些元组在创建表时生成并存储在元数据表中。对于保序加密模型和同态加密模型，密钥均存储在数据库服务器中的元数据表中，为了保护密钥不被窃取，元数据表会对这些密钥加密后存储。在加密和解密之前，SSDB会从元数据表中获取这些密钥。

密钥管理器的任务有两个：一是为等值加密模型动态产生工作密钥，二是为保序加密模型和同态加密模型产生密钥。

（三）元数据管理模块

在创建表时，我们同样需要改写语句，将明文的字段类型改为密文字段类型，例如，我们创建int类型的id字段，为了能够保存id的密文，我们需要将等值模型对应的列属性改为text类型。这有利于隐藏明文的属性信息，但是当我们需要明文属性信息的时候，密文数据表就无法提供，因此，我们需要创建一个元数据表，并且将明文的属性信息作为数据存放在元数据表中。

此外，对于保序加密和同态加密模型的密钥，也需要存放在元数据表中。元数据管理器的作用就是对这些数据提供存储与获取的功能。

（四）加解密模块

这个模块负责以下两项内容：

（1）将用户提交的明文数据加密，加密模块中有三种加密模型中所包含的算法，工作时会与其他模块协作。SQL语句改写模块会将数据库操作语句中涉密的明文值提取出来并作为输入传递给加密模块，加密模块根据明文值在数据库中对应的列、记录位置以及当前语句中的操作来判断需要使用的加密模型，若此过程中需要生成工作密钥，则调用密钥管理模块，若需要获取已有密钥，则调用元数据管理模块从数据库中读取密钥。加密完成后，模块将密文值返回给SQL语句改写模块。

（2）从数据库返回的查询结果为密文，需要交由该模块解密。解密过程需要从元数据表中获取关于密文结果所在表的元数据信息，包括数据类型、密钥和明文的列名。解密函数将这些元数据连同待解密的密文作为输入，根据加密模型选择相应的解密函数。

五、系统业务流程

系统各个功能模块之间协同工作，完成从用户输入到解密返回结果等一系列步骤。不同类型的数据库操作语句，系统的处理方式也不相同，下面将根据具体的数据库操作语句介绍系统的业务流程。

为了能够在密文上执行常规的SQL语句，不同的类型需要按照不同的操作步骤，下面从创建表、插入、查询、更新、删除五个部分分别说明，并通过一个具体的例子来说明可搜索加密方法：数据库中有一份学生信息表，表名为student，其中的列有id（学生编号，数值型）、name（姓名，字符型）、age（年龄，数值型）、sex（性别，字符型）。

（一）创建表（create table）

步骤①：对create语句进行解析，获取表的名字、所有列的名字以及对应的数据类型，并且调用密钥管理模块生成保序、同态加密模型的密钥，对以上数据使用主密钥加密，并构造一条insert语句将以上数据插入服务器端的元数据库中。

步骤②：在步骤①的基础上，对新表中的所有列进行处理，如果列的数据类型为数值型（int、float、double），则该列需要使用等值、保序、同态加密模型，在数据库中必须有三列来分别存储这个模型下的密文，因此，需要将该列扩展为三列，为了区分，列的名字中包含DET代表是等值加密模型对应的列，列的名字中包含OPE代表是保序加密模型对应的列，列的名字中包含HOM代表是同态加密模型对应的列，此外，相应的数据类型改写为text、double、double。如果列的数据类型是字符型（char、varchar、text），则只需要使用等值加密模型，所以只需要改写为一列，列名中包含DET，并且数据类型改写为text。

如图2-22所示为系统对create语句的处理流程图示例，首先使用create table语句在数据库中新建一个student表。

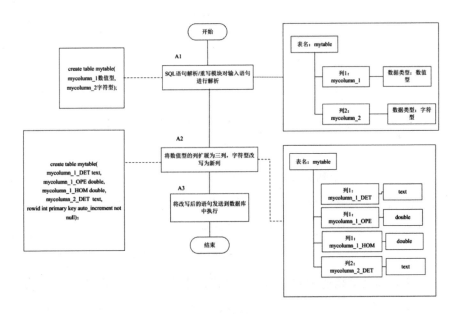

图2-22　create语句执行流程图

用户的输入语句为：

create table mytable（mycolumn_1数值型,mycolumn_2字符型）；

A1）对用户输入的create语句进行解析，获取表的名字mytable，所有列的名字为mycolumn_1和mycolumn_2，列对应的数据类型为数值型和字符型，并将获取到的这些信息作为数据存入数据库中。

A2）将数值型的列mycohmn_1扩展为三列，分别使用等值、保序、同态加密模型进行加密，相应的列名为mycolumn_1_DET、mycolumn_1_OPE、mycolumn_1_HOM。

并将等值加密模型中的数据类型设置为text，保序加密模型、同态加密模型中的数据类型设置为double。将字符型的列mycolumn_2使用等值加密模型进行加密，相应的列名为mycolumn_2_DET，并将数据类型改写为text。增加一行标识符作为主键。

改写后的语句为：

create table mytable（mycolumn_1_DET text, mycolumn_1_OPE double, mycolumn_1_HOM double，mycolumn_2_DET text, rowed int primary key auto_increment not null）

（二）插入数据（insert）

步骤①：首先对语句进行解析，获取要插入数据的表和列的名字，通过表名，向元数据表中查询数据，将该表名下的所有信息全部获取到客户端并解密。

步骤②：通过解析到的列名，从元数据中查询到该列的数据类型，如果是数值类型，意味着该列需要使用等值、保序、同态加密模型分别进行处理。从values中解析出要插入该列的具体数据，对该数据分别使用确定、保序和同态加密策略进行加密，保序和同态加密策略的密钥从元数据中获取即可，而确定加密策略的密钥由密钥管理模块生成。如果元数据中该列的数据类型是字符类型（char、varchar、text），则只需要使用确定加密策略进行加密，同样需要密钥管理模块生成密钥，对values中对应的数据进行加密。

这个步骤结束后将得到一个仅含有密文的插入语句，将该语句交由数据库执行。

步骤③：步骤②完成后，数据库中已经插入了对应的密文数据，但是这个时候等值加密模型中的数据只使用了确定加密策略进行加密，只是单层加密，还需要使用随机加密策略进行二次加密，这个加密的过程由服务器执行。在客户端编写一条update语句，该语句中包含有数据库中的aes加密函数，对等值加密模型中的数据进行二次加密。

如图2-23所示为系统对insert语句的处理流程示例，现在向student表中输入一行数据：

用户输入的语句为：

insert into mytable（mycolumn_1,mycolumn_2）values（value_1,value_2）;

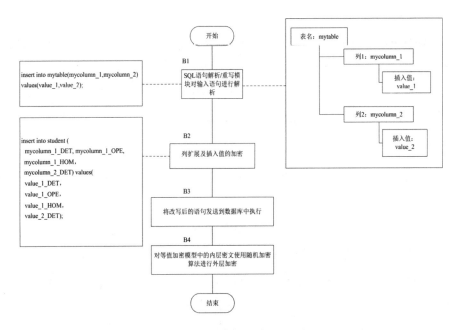

图2-23　insert语句执行流程图

B1）对接收的insert语句进行解析，获取表的名字mytable，列的名字为mycolumn_1,mycolumn_2，列对应的插入数据（value_1,value_2），根据表名在数据库中查询所有列的数据类型，mycolumn_1为数值型，mycohmn_2为字符型。

B2）mycolumn_1列的数据类型是数值型，对应的插入数据是value_1，分别使用确定加密算法、保序加密算法和同态加密算法对该插入数据进行加密，加密后的数据为value_1_DET、value_1_OPE、value_1_HOM，并将列名改写为mycolumn_1_DET、mycolumn_1_OPE、mycolumn_1_HOM，每一个列名都对应了数据库中单独的一个列存储空间。mycolumn_2列是字符型，对应的插入数据是value_2，仅使用确定加密算法对其插入数据进行加密，加密后的数据为value_2_DET，并将列名改写为mycolumn_2_DET。

B3）对等值加密模型中的内层密文（value_1_DET、value_2_DET）使用随机加密算法进行外层加密，形成两层加密结构，其密钥根据用户的主密钥、列名和行标识符生成，每一行的行标识符唯一。

SSDB改写结果：

```
insert into student（mycolumn_1_DET,
                    mycolumn_1_OPE,
                    mycolumn_1_HOM,
                    mycolumn_2_DET）
                    values（value_1_DET,
                    value_1_OPE,
                    value_1_HOM,
                    value_2_DET）;
```

（三）选择查询（select）

步骤①：首先从用户输入的语句中获取查询的表名，从元数据表中获取相应的元数据信息，包括表名、所有列名及对应的数据类型、保序加密模型密钥和同态加密模型的密钥，对这些数据进行解密暂存在客户端。

步骤②：数据库中的等值加密模型处于两层加密的RND层时，无法完成任何操作，因此在查询之前需要对该模型的RND层进行解密。方法是向数据库中发送一条update语句，其中包含解密函数。这个步骤的结果是所有的等值加密模型对应的列下的密文支持等值查询。

步骤③：将查询所包含的谓词分为三类：一是等值匹配，如a=b，groupby；二是范围查询，如a>b，orderby；三是集合操作，如SUM、AVG函数。这一步需要将语句中的谓词表达式解析出来，其分为三种情况：

等值匹配：列名=（一个常量）。这个谓词下，需要在等值加密模型对应的列中进行搜索，因此要将列名改写为等值加密模型对应的列名，如column_DET。同时，常量需要使用确定加密策略进行加密，所用的密钥与表达式左边列中的密钥相同。使用这个密文在数据库中的等值加密模型中进行搜索，密文相等代表明文相等。

列名[< > ≤ ≥]常量。这个谓词下，需要在保序加密模型中进行搜索，因此要将列名改写为保序加密模型对应的列名，如column_OPE。同时，表达式右边的常量使用保序加密策略进行加密，其密钥与表达式左边列中的密钥相同，这个密钥从元数据中获取。使用这个密文在保序加密模型中进行搜索时，密文的大小关系对应了明文的大小关系。

SUM（列名）、AVG（列名）函数。这个谓词下，需要在同态加密模型中进行操作，只需要将列名改写为同态加密模型对应的列名即可，如column_HOM。在同态加密模型进行操作时，直接在密文上执行SUM和AVG，得到的结果解密后对应于明文的计算结果。

步骤④：在步骤②和步骤③完成后，数据库中的等值加密模型处于单个DET层的状态，需要对其重新进行RND加密，恢复到两层加密的状态，以保证安全性。具体做法是向数据库发送一条update语句，其中包含了RND层的加密函数和密钥。

如图2-24所示为系统对select语句的处理流程图示例。

用户输入：select mycolumn或者SUM（mycolumn）、AVG（mycolumn）from mytable where条件谓词P；

C1）对接收的select语句进行解析，获取表的名字为mytable，查询内容是列mycolumn或者聚集函数SUM（mycohmn）、AVG（mycohmn），条件谓词P，根据表名在数据库中查询所有列的数据类型及加密列的密钥。

C2）将数据库中的所有等值加密模型的外层（随机加密层）密文解密，其密钥根据用户的主密钥、列名和行标识符生成，每一行的行标识符唯一。

C3）将解析到的条件谓词P分为等值匹配和范围查询两类，改写为新的条件谓词P*。等值匹配表达式：列名=（常量），将列名改写为等值加密模型对应的列名，如column_DET。并将常量使用确定加密算法进行加密，其密钥与表达式左边列中的确定加密算法的密钥相同。

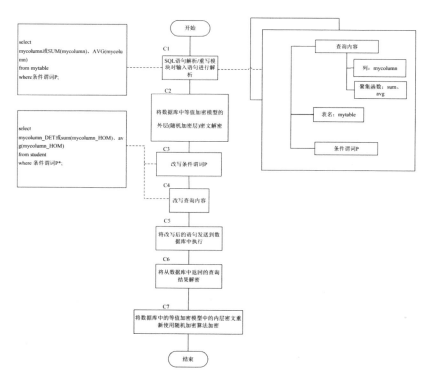

图2-24　select语句执行流程图

范围查询表达式：列名[< > ≤ ≥]常量，将列名改写为保序加密模型对应的列名，如column_OPE。并将表达式右边的常量使用保序加密算法进行加密，其密钥与表达式左边列中的保序加密算法的密钥相同。

C4）若查询内容是某个列mycolumn，将该列名改写为mycolumn_DET；若查询内容是聚集函数SUM（mycolumn）或AVG（mycolumn），将其中的列名改写为mycolumn_HOM。

C5）将数据库中的所有等值加密模型中的内层密文重新使用随机加密算法加密，其密钥根据用户的主密钥、列名和行标识符生成，每一行的行标识符唯一。

语句改写结果：

select mycolumn_DET或sum（mycolumn_HOM）、avg（mycolumn_HOM）from student where条件谓词P*。

（四）更新操作（update）

步骤①：获取元数据，与选择查询的步骤①相同。

步骤②：对两层等值加密模型中的外部RND层进行解密，做法与选择查询的步骤②相同。

步骤③：update的作用是将数据库中指定字段中的数据更新为另一个值。其大致形式为："update表名set列名=常量where条件表达式。"SSDB会将其中的列名、常量、条件谓词提取出米，分别处理。其中条件谓词的处理方式与选择查询的步骤③相同。对于"列名=常量"的处理过程与插入语句的步骤②类似。首先判断列名所对应的数据类型，如果是数值类型，则将该部分改写为三个"列名_DET=DET（常量）"，代表将列名改写为等值加密模型下的列名，并将常量使用确定加密策略加密，其密钥与左边列的密钥相同；"列名_OPE=OPE（常量）""列名_HOM=HOM（常量）"。如果列是字符型，则只需按照"列名_DET=DET（常量）"的形式进行改写即可。全部改写完成后，将语句交由数据库执行。

步骤④：将等值加密模型恢复到两层加密的状态。使用的方法与选择查询的步骤④相同。

如图2-25所示为系统对update语句的处理流程图示例。

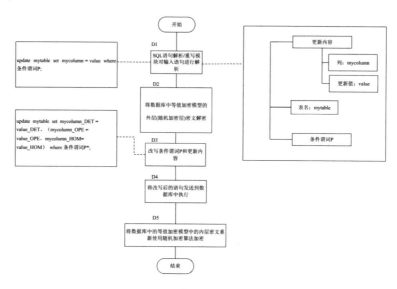

图2-25 update语句执行流程图

用户输入：update mytable set mycolumn=value where条件谓词P;

D1）对接收的update语句进行解析，获取表的名字为mytable，列的名字为mycolumm，更新值为value和条件谓词P，根据表名在数据库中查询所有列的数据类型及加密列的密钥。

D2）将数据库中的所有等值加密模型的外层（随机加密层）密文解密，其密钥根据用户的主密钥、列名和行标识符生成，每一行的行标识符唯一。

D3）set子句中的表达式mycolumn=value，若列mycolumn对应的数据类型是数值类型，将扩展的三列分别进行如下更新：

将mycolumn改写为等值加密模型下的列名：mycolumn_DET，并将value使用确定加密算法加密为value_DET，加密密钥与左边列确定加密算法的密钥相同；

将mycolumn改为保序加密模型下的列名：mycohmn_OPE，并将value使用保序加密算法加密成value_OPE，加密密钥与左边列确定加密算法的密钥相同；

将mycolumn改写为同态加密模型下的列名：mycolumn_HOM，并将value使用同态加密算法加密为value_HOM，加密密钥与左边列确定加密算法的密钥相同；

若列对应的数据类型是字符型，仅将mycolumn改写为等值加密模型下的列名mycolumn_DET，并将value使用确定加密算法加密为value_DET，其密钥与左边列的确定加密算法的密钥相同。如果存在where子句，则将解析到的谓词分为等值匹配和范围查询两类分别处理，形成新的条件谓词P*。

D4）将数据库中的所有等值加密模型的内层重新使用随机加密算法加密，其密钥根据用户的主密钥、列名和行标识符生成，每一行的行标识符唯一。

语句改写后的结果：

update mytable set mycolumn_DET =value_DET，（mycolumn_OPE =value_OPE，mycolumn_HOM =value_HOM）where条件谓词P*。

（五）删除操作（delete）

步骤①：获取元数据，与选择查询的步骤①相同。

步骤②：删除语句的形式为："deletefrom表名where条件表达式。"当语句中存在条件表达式时，则需要对两层等值加密模型中的外部RND层进行解密，做法与选择查询的步骤②相同。如果没有表达式，则直接将语句发送到数据库中执行。

步骤③：存在条件表达式时，需要对条件表达式进行改写，过程与选择查询的步骤③相同。将改写后的语句发送到数据库中执行。

如图2-26所示为系统delete语句处理流程图示例。

用户输入：delete from mytable（where条件谓词P）。

E1）对接收的delete语句进行解析，获取表的名字为mytable，条件谓词P，根据表名在数据库中查询所有列的数据类型及加密列的密钥。

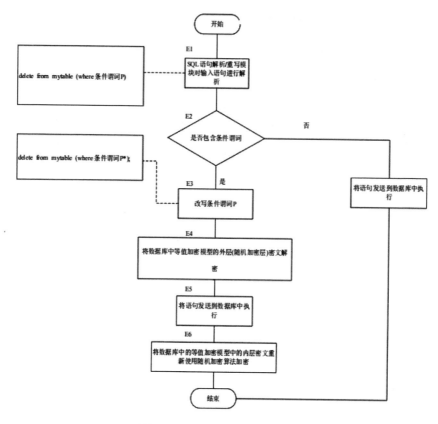

图2-26 delete语句执行流程图

E2）若语句中存在条件谓词P时，首先将数据库中的所有等值加密模型的外层密文解密，其密钥根据用户的主密钥、列名和行标识符生成，每一行的行标识符唯一；然后将解析到的谓词分为等值匹配和范围查询两类分别处理，形成新的条件谓词P*;最后将等值加密模型中的内层密文加密，其密钥根据用户的主密钥、列名和行标识符生成，每一行的行标识符唯一。若没有表达式，则不做处理。

语句改写结果：

delete from mytable （where条件谓词P*）。

第四节　数据库管理系统

数据库管理系统是指在数据库系统中实现对数据进行管理的软件系统，它是数据库系统的重要组成部分和核心。对数据库的所有操作（如结构定义、数据录入与更新、信息查询、统计与报表打印等）都是由数据库管理系统实现的。

一、数据库管理系统的主要作用

数据库管理系统是一个复杂的系统，具有语言解释、引导数据存取等功能，其主要作用有五个方面。

1. 定义数据库

将数据定义语言所描述的各项内容（包括外模式、模式、内模式的定义，数据库完整性定义，安全保密定义和存取路径定义等）从源形式编译成目标形式，并存放到数据字典中，它们是DBMS存取和管理数据的基本依据，DBMS可以根据这些定义，从物理记录导出全局逻辑记录，再从全局逻辑记录导出用户所需的局部逻辑记录。

2. 管理数据库

DBMS通过数据操纵语言（DML）实现对数据库的管理，执行对数据的检索、插入、删除和修改等操作，实施对数据的安全性、保密性和完整性的检验，控制整个数据库的运行和多个用户的并发访问。

3. 数据库运行与维护制

DBMS提供的运行与控制功能保证所有访问数据库的操作在控制程序的统一管理下，检查安全性、完整性和一致性，保证用户对数据库的使用。包括初始数据的载入，记录工作日志，监视数据库性能，在性能降低时恢复数据库性能，在系统设备变化时修改和更新数据库，在系统出现故障时恢复数据库等。

4. 数据通信

负责实现数据的传送，这些数据可能来自应用程序、终端设备或系统的内部进程，与操作系统协调完成输送数据到队列缓冲区、终端或正在执行的进程中。

5. 数据字典

数据字典是DBMS提供的一项功能，它将有定义的数据库按一定的形式归类，对数据库中的有关信息进行描述，以帮助数据库用户使用和数据库管理员管理数据库。

二、数据库管理系统的类型

由于所采用的数据模型不同，数据库管理系统可划分为多种类型，如：层次型数据库、网状型数据库、关系型数据库以及面向对象数据库等。

1. 层次型数据库

层次型数据库采用层次数据模型，即使用树型结构来表示数据库中的记录及其联系。[①]典型的层次型数据库系统有IBM、SYSTEM 2000等。

2. 网状型数据库

网状型数据库采用网状数据模型，即使用有向图（网络）来表示数据库中的记录及其联系。典型的网状型数据库系统有IDMS、UDS、 DMS 1100、TOTAL和IMAGE 3000等。

3. 关系型数据库

关系型数据库采用关系数据模型，即使用二维表格的形式来表示数据库中的数据及其联系。由于关系模型比较简单、易于理解且有完备的关系代数作为其理论基础，所以被广泛使用。典型的关系型数据库系统有DB2、Oracle、Sybase、Informix以及在微型机中广泛使用的Access、Visual Fox-

---

① 杨忠.数据库原理及编程[M].天津：天津科学技术出版社，2020:72.

Pro、Delphi等。

4. 面向对象数据库

面向对象数据库采用面向对象数据模型，是面向对象技术与数据库技术相结合的产物。在面向对象数据库中使用了对象、类、实体、方法和继承等概念，具有类的可扩展性、数据抽象能力、抽象数据类型与方法的封装性、存储主动对象以及自动进行类型检查等特点。面向对象模型能够完整地描述现实世界的数据结构，具有丰富的表达能力，但由于相对比较复杂且理论尚不够完备，所以尚未达到关系型数据库的普及程度。目前，在许多关系型数据库系统中已经引入并具备了面向对象数据库系统的某些特性。

三、数据库管理系统的程序组成

数据库管理系统是由许多数据库定义、控制、管理和维护功能的程序集合而成。各个程序都有各自的功能，它们可以几个程序协调共同完成一件数据库管理系统的工作，也可以一个程序完成几件数据库管理系统的工作。不同的数据库管理系统功能可以不一样，所包含的程序组成也不相同。

不论哪种DBMS，一般都应有以下三个方面的功能。

1. 语言（编译）处理方面

（1）数据库各级模式DDL编译程序：将各级DDL源形式编译成计算机可识别的目标形式。

（2）外模式DDL编译程序：将各个外模式DDL源形式编译成计算机可识别的目标形式。

（3）数据库DML编译处理程序：将应用程序中的DML语句转换成主语言的一个过程调用语句。

（4）终端查询解释程序：解释用户终端查询的意义，以决定操作执行过程。

（5）数据库控制命令解释程序：解释每个控制命令的意义，决定执行方式。

2. 系统运行控制方面

（1）系统总控程序：DBMS的核心程序，其作用是控制、协调DBMS各组成程序的活动，使其有条不紊地运行。

（2）访问控制程序：核查访问的合法性，以决定该访问是否允许进行。

（3）并发控制程序：控制、协调多个应用程序同时对数据库进行操作，保证数据库中数据的一致性。

（4）保密控制程序：在用户访问数据库时，核查保密规定，保护数据库的安全。

（5）数据完整性控制程序：在对数据库进行操作的前和后，核查数据库的完整性约束条件，以决定操作的有效性。

（6）数据库更新程序：根据用户的请求，实施数据的查找、插入、删除和修改等查询和更新操作。

（7）通信控制程序：控制应用程序与DBMS之间的通信联络。

3. 系统维护管理方面

（1）数据装入程序：当系统受到破坏时，使系统恢复到可使用状态。

（2）工作日志程序：记录进入数据库的所有访问，记录的内容包括用户名称、使用级别、进入系统的时间、进行哪些操作、数据变更情况等。使用户的每次访问都要留下踪迹。

（3）性能监督程序：监测每个访问操作的时空状况，作出系统性能估算，为数据库的重新组织提供依据。

（4）数据库重新组织程序：当数据库系统性能变坏时，负责对数据重新进行物理组织。

（5）转存编辑、打印程序：转存数据库中的数据，按指定格式编辑或打印数据。

四、数据语言

数据语言是DBMS提供的操作数据库的重要手段和工具。数据语言包括两部分：数据描述语言（DDL），用于描述或定义数据库的各级模式和特性，又称为数据定义语言；数据操纵语言（DML），用于对数据进行操作或处理。

1. 数据描述语言

数据描述语言（DDL）又称为数据定义语言，用来定义数据库的结构、各类模式之间的映像和完整性约束等。DDL可分为逻辑描述子语言与物理描述子语言两种。根据数据库类型的不同相应的数据描述语言也不同，但它们都应具有以下一些基本功能：

（1）定义和标识数据库的逻辑结构和物理结构，并给出其唯一的命名。

（2）描述各类模式及它们之间的映像。

（3）描述每一个基本数据项的基本特征。

（4）描述安全控制方式和完整性约束条件。

（5）定义数据结构和子结构之间的映像。

2. 数据操纵语言

数据操纵语言（DML）又称为数据处理语言，用来描述用户对数据库进行的各种操作，包括数据的录入、修改、删除、查询、统计、打印等。DML可分为两种类型：一种是自含型的DML，即可由用户独立地通过交互方式进行操作；另一种是嵌入型的DML，即它不能独立地进行操作，必须嵌入某一种宿主语言（如C、PL/1等）中才能使用。

数据操纵语言是一种非过程化程度很高的语言，它既可以嵌入宿主语言中使用，也可以作为独立的自含型语言来交互式地使用。其典型代表就是SQL。

SQL是结构化查询语言（Structured Query Language）的英文缩写，它是

一种基于关系代数和关系演算的数据操纵语言，早先是在System R系统上实现的。由于SQL功能丰富、使用灵活、简单易学，因此受到广大用户的欢迎。1986年10月，美国国家标准局（ANSI）的数据库委员会X3H2批准了将SQL作为关系数据库语言的美国标准。随后，国际化标准组织（ISO）也作出了类似的决定，使其成为国际标准。此后，数据库产品的各厂家纷纷推出了各自的支持SQL的数据库软件或与SQL的接口软件。目前，无论是微型机、小型机还是大型机，也无论是哪一种数据库系统，一般都采用SQL作为共同的数据操纵语言和标准接口，因而SQL成为数据库领域的一种主流语言。

五、数据库日志

数据库日志是一个专用文件，用于记载对数据库的每一次操作。在动态存储方式下，只有日志文件与后援文件结合起来才能有效地恢复数据库中的数据。在静态存储方式下，当数据库被破坏并由后援文件恢复到可用状态后，可按照日志文件中的记载，将做过的事务重新处理，对故障发生时还未完成的事务做撤销处理。这样就可以不必重新运行已经完成的事务的程序，将系统恢复到出故障前的正确状态，此时只需运行未运行过的事务程序即可使系统正常工作。

数据库日志有两个作用：登录日志和事务恢复。

1. 登录日志

数据库系统在运行时，要将开始、结束以及对数据库的更新等（如插入、删除、修改等）每一步操作，都记录在日志文件中。一个操作作为一个记录，每个记录的内容包括：操作类型、事务标识、更新前后的数据等，登记顺序以执行事务操作的时序为准，并遵守"先登记日志文件，后进行事务操作"的原则。这样就能保证系统恢复的彻底性。

2. 事务恢复

用日志文件恢复事务的过程如下：

（1）用后援文件将数据库系统恢复到可用状态。

（2）从头阅读日志文件，确定故障发生点，找出此时已经结束的事务和尚未结束的事务。

（3）对已经结束的事务进行重新处理。

（4）对尚未结束的事务进行撤销处理，以消除对数据库可能造成的不一致性影响。具体方法是：对做撤销处理的事务进行"反操作"，如对已经插入的记录执行删除操作，对已经删除的记录执行插入操作，对已经修改的数据用原值替换等。

六、用户访问数据库的过程

用户访问数据库系统的过程是在DBMS控制下进行的，如图2-27所示。

下面以用户的一个应用程序读取数据为例，对用户访问数据库的过程做简单的说明：

（1）用户应用程序向DBMS发出访问请求和所使用的外模式名称。

（2）DBMS按外模式名称调用相应的外模式，遍历外模式表，确定对应的模式名称，核对用户的访问权限和操作的合法性，核查通过则继续进行，否则向系统报告出错信息。

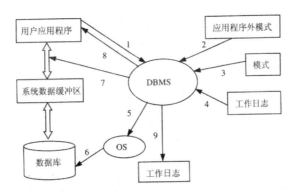

图2-27　数据库系统的访问过程

（3）DBMS按模式名查找对应的模式到内模式的映射，以便找到相应的内模式。

（4）DBMS遍历存储模式，确定调用哪个访问程序，从哪个物理文件中读取所需要的记录。

（5）访问程序找到所需要数据的地址后，向操作系统发出读操作指令。

（6）操作系统收到指令后，调用联机的I/O程序完成将数据读到内存的系统缓冲区的操作，并向DBMS发出应答。

（7）DBMS收到操作系统的I/O结束应答后，按模式、外模式的定义，将读入系统缓冲区的数据映射为用户应用程序所需要的逻辑记录。

（8）DBMS向用户应用程序发送反映操作执行状况的信息。

（9）记录系统的工作日志，此步与第二步几乎是同时进行的。

（10）用户应用程序查找DBMS返回的状态信息，以决定是提取记录数据，还是按错误类型进行后续处理。

上述10个过程是对用户读取数据的简单描述，数据更新的过程与读取的过程相似，再加上回写操作即可。

第三章　数据库课程教学改革与模式创新

第一节　数据库课程教学改革

结合"互联网+"理念，积极探索数据库课程教学模式的改革与创新，对创新教师教学理念、提高教师教学水平、提升课程教学效果、培养高素质应用型人才有着重要的现实意义。

一、使用混合式教学

计算机专业教师应根据学生认知现状与学科专业特点，应用信息化的思维方式，用好互联网技术，在教学设计、组织、实施的过程中，综合运用线上、线下教学资源平台，构建科学的多元教学组织体系，为学生系统掌握理论知识、提高实践能力提供良好氛围。[①]

在中国大学MOOC平台上，有许多国家级精品在线开放课程，如中国人民大学王珊老师团队的《数据库系统概论》、哈尔滨工业大学战德臣老师团队的《数据库系统》等。教师们深入浅出、循循善诱的讲解，单元作业、测试的精心设计，为广大师生提供了优质、全面的线上教学资源和案例。基于

[①]　蔡婕萍 .SPOC 视域下管理学课程互动式混合教学模式研究 [J]. 中国管理信息化，2021（4）:226–226.

此，授课教师优化了课程教学设计，在中国大学MOOC平台上创建异步SPOC课程，在课程介绍页设置SPOC课程团队、课程介绍、预告等信息；在课程学习页，借鉴MOOC上的优质课程资源，结合学生专业特点和课程教学大纲要求，对教学内容进行合理调整，发布课程资料、计划、活动、动态等。课前，教师通过慕课堂，或超星学习通、蓝墨云班课等线上教学辅助软件，布置预习任务、组织学生开展线上学习；课上，教师根据学生预习情况进行重难点和易错点的讲解，组织学生展开讨论，引导学生从广度、深度进行知识的扩展与挖掘；课后，学生完成线上作业与测试，并根据个人学习需要进行个性化拓展。通过线上线下混合式教学，实现MOOC开放性资源与实体课堂教学的有机融合，实现从"教师讲授为主"向"学生自主学习为主"的模式转变。教师可以及时掌握学生学习进度，与学生展开互动讨论，并通过对学生作业、在线测试完成情况的分析、汇总，及时调整教学内容与进度；学生的自主学习意识、独立思考能力得到增强，学生能够积极认真地学习、讨论，主动地思考、梳理知识点与体系，养成良好的学习习惯，取得最优化的学习效果。

二、搭建实验教学平台

数据库课程实验中，数据库的设计、应用开发等有一定的难度，仅仅通过课上训练，学生很难完成实验任务。为保障学生的实验时间与效果，授课教师充分发挥大数据实验室的设备与管理平台功能，基于虚拟机模板，部署数据库课程实验教学平台，发布实验教学计划和资源、配置实验环境、设置实验环节，学生通过浏览器登录进行在线实验并撰写实验报告，教师及时批阅学生提交的作业、报告并获取学生实验相关数据，且师生可以开展在线讨论，实现有效交互，通过良好在线实验环境的创建，构建开放、共享的数据库实验教学体系，实现实验室的开放管理，使学生的实验体验更舒适、更人性化，进一步激发学生的学习兴趣与热情，达到更好的实验教学效果。

三、优化实验环节

从专业技能、职岗需求的角度出发，授课教师对实验环节进行优化调整。在实验环境上，选择使用面较广的数据库软件MySQL和编程语言Java。在教学组织时，整合原先的课堂实验和课程设计的内容，将学生进行分组，3~5人一组，提供与专业课程或职岗需求相关的业务模型，如论坛贴吧、供应链管理、人事管理等供学生选择，将数据库设计的各阶段融入实验教学中。[1]如在需求分析阶段，学生选择感兴趣的业务模型，深入了解业务需求，进行系统业务流程图、数据流图的设计，在概念设计阶段，学生根据实体及其联系建立概念数据模型，绘制E-R图；在逻辑设计阶段，学生进一步将概念模型转换成关系模型，并设置关系之间的联系；在数据库完整性和安全性部分，则通过对规则的定义和实现加深学生对数据库完整性和安全性的理解。如此环环紧扣，由理论到实践再回归到理论，从而达到知识学习的螺旋式上升效果。此外，教师还可结合大学生创新创业训练计划项目、大学生服务外包创新创业大赛项目、教师的教科研项目等，组织学有余力的学生进一步开展学习研究，进一步提高学生的学习积极性、分析解决问题能力和合作协调能力。

四、改革课程考核方式

结合前述教学目标，可以发现课程原考核方式能够一定程度上反映出学生平时的学习状态和数据库基本原理与知识的掌握情况，但尚不能充分体现出教学过程中对学生的引导以及对学生实践技能、职业素养的培养。为更有效地激励、更合理地评价，对课程考核方式做如下改革：

（1）加强过程监控与评价。通过对学生到课、线上预习、参与讨论、提交作业和实验报告、小组协作等情况的及时监控、统计、反馈，加强过程

---

① 张莉.《数据库原理与应用》与课程设计结合教学模式研究 [J]. 现代商贸工业，2017（8）:164-165.

管理，注重学生的获得感，注重学生学习主动性、持续性的培养。[①]

（2）改进期末考核方式。因笔试的环境所限，考试内容偏理论，不能真实反映出学生实践能力、操作水平，将期末考试从笔试改为"笔试+机试"，增加操作题部分，更能体现出科学性、合理性。

（3）融合职业能力认证。根据学生专业特长和职业兴趣，鼓励学生在获得学历证书的同时，积极参加职业资格认证，目前与数据库相关的有ORACLE数据库专家认证、微软数据库管理员认证、国家计算机技术与软件专业技术资格考试数据库系统工程师认证、"1+X"职业技能鉴定数据库管理人员认证等。计算机各专业要在培养方案中有机融入证书培训内容，优化课程教学大纲和教学内容，对于未涵盖或需强化的内容，有组织有针对性地开展培训。通过学习、考证，使学生进一步了解职岗需求，明确职业方向，提升学生职业技能水平，拓展学生就业创业本领。

五、推进校企合作和产学研创新

为大力贯彻和落实教育部"校企合作推进人才培养模式改革"的方针，充分发挥学校、企业各自的优势，发挥高等教育服务于社会、地方、企业的功能，学校与企业积极交流、探讨、合作，集成优质资源，共建产学研基地，成立工作室。其中，学校主要培养学生理论基础知识和实践基本技能，企业则以真实项目为实训资源，由工程师引领，指导学生开展实训。[②]通过实践、合作、开放、分享、融合的工作室活动，让学生深入参与项目，系统地提升学生的实践能力和创新创业精神，快速实现双创人才转化。通过校企合作，实现共赢，培养出理论与实际相结合的应用创新型人才，更好地服务

---

① 赵爱美.基于首要教学原理的计算机类课程混合教学研究与实践[J].中国教育信息化，2019（20）:48-51.

② 李博，郑雪晴，蔡萍根.互联网线上辅助教学在高校课堂教学改革中的应用与实现[J].教育教学论坛，2019（31）:64-65.

于社会经济和行业企业的发展壮大。①

在互联网技术突飞猛进的当下，新时代教师应认真思考互联网技术与课程教学的有机融合，结合课程特点，积极探索、创新课程教学模式，进一步优化教学设计、整合教学资源、融会课前课中和课后，充分调动学生学习的主观能动性，引导学生广度拓展、深度探究，提升学生实践创新、合作协调能力，实现高效学习。②

第二节　数据库课程中的翻转课堂教学模式应用

一、翻转课堂教学模式解读

（一）翻转课堂的定义

翻转课堂（Flipped Class Model）并没有一个权威的定义。国外研究者对翻转课堂的定义：学生在正式学习的过程中，课前利用教师分发的数字材料（音视频、电子教材等）自主学习课程，再到课堂上参与同伴和教师的互动活动（释疑、解惑、探究等）并完成练习的一种教学形态。

国内许多研究者也给出了翻转课堂的定义。张新明教授认为：翻转课堂是教育者借助计算机和网络技术，利用教学视频把知识传授的过程放在教室外，给予学生更多的自由，允许学生选择最适合自己的学习方式，确保课前深入学习真正发生；而把知识内化的过程放在课堂，以便学生之间、师生之间有更多的沟通和交流，确保课堂能引发观点的相互碰撞，把问题的思考引向更深层次。金陵认为：把"教师白天在教室上课，学生晚上回家做作业"的教学结构翻转过来，形成学生在课堂上完成知识吸收与掌握的内化过程，在课堂外完成知识学习的新型课堂教学结构。

---

① 李云."互联网+"背景下数据库课程教学模式改革探究 [J]. 电脑知识与技术，2021, 17（27）:251–253.

② 汤东. 基于大数据技术的教育信息化创新应用 [J]. 山西青年，2020（4）:72.

笔者这样定义"翻转课堂"：在信息化环境中，课程教师提供学习资源（微课、导学案、参考资料），学生在上课前完成对学习资源的观看和学习，再到课堂上参与小组、师生进行的作业答疑、协作探究和互动交流等的一种新型的教学模式。

（二）翻转课堂的典型范式

随着翻转课堂影响力的扩大，教学实践越来越多，出现了很多典型的教学范式，结合国内外运用情况，笔者归纳了五种模型，希望能给读者一些借鉴和参考。

（1）林地公园高中模型。在家观看在线教学讲座视频，在课堂上完成练习题，加入探究活动和实验室任务。如果有学生没有电脑或无法上网时，让学生回家在电视机上观看，学校为这部分学生准备了光盘。

（2）可汗学院模型。美国加州洛斯拉图斯学区与可汗学院合作，利用可汗学院广受欢迎的教学视频及课堂测验系统进行翻转课堂实践。该平台的突出优点是：课堂测验系统能快速捕捉到学生遇到的困难，通过平台，教师能了解学生的学习情况及进度，及时施加指导、进行帮助；同时还引入了游戏化晋级机制，对学业表现好的学生给予徽章奖励。

（3）河畔联合学区模型。采用数字化互动教材是该学区翻转课堂的突出特点。这套数学互动教材（实验）融合了丰富的文本、3D动画、图片和视频等，还有笔记、交流与分享功能。相对于其他翻转课堂需要自备视频和教学材料，这套互动教材更节省教师的时间，更吸引学生。

（4）哈佛大学模型。埃里克·马祖尔博士提出了互助教学和翻转学习方法相结合模式，并进行了实践。其要点是：在课前，学生通过听播客、看视频、阅读文章或调动自己已有知识，思考问题，尝试解决问题；然后要求学生总结所学到的知识、并解决问题，提出不懂的问题；接下来，学生在指定的社交网站发表他们的提问，随后，教师对各种问题进行整理，并开发出有针对性的教学设计和课堂学习材料。在课堂上，学生提出质疑和难点，教师采用苏格拉底式的教学方法回答质疑，解决难题。

（5）斯坦福大学模型。共同学习是斯坦福大学翻转课堂的突出特点，它们的视频讲座大约每15分钟，就会弹出一个小测验，检验学生知识掌握的情况。另外，斯坦福大学在实验时允许学生互相提问，增加了社交元素，在实验中学生们互相问答非常快，这种"共同学习"的模式非常有效。

二、翻转课堂教学模式在数据库原理课程中的应用

数据库技术是计算机科学在实际生活中应用最为广泛的技术，也是各类管理信息系统构建的基础，因而数据库原理课程在计算机专业课程中所占据的地位至关重要。该课程理论与实践并重，有较强的实用性，对学生动手能力以及实践操作能力的要求较高。传统课堂的教学方式存在一定的局限性，在锻炼学生的技能、注重学生应用能力发展的方面存在一些不足，总体教学效果距离课程的教学目标和专业的培养目标存在一定差距。

作为新型教学模式的翻转课堂，在各类信息技术的支持下，对传统课堂的教学模式进行了颠倒，为解决数据库原理课程传统教学模式中的不足提供了新思路，为数据库原理课程的教学改革提供了新方向，为提高学生数据库技术实践能力提供了可能。

（一）翻转课堂在数据库原理课程中的应用思路

在传统教学模式下，教师采用的是直接灌输式的教学，当教学内容简单枯燥且与实际情况存在差距时，如学生成绩管理系统，学生在学习中所获得的成就感就会降低，最终导致学习兴趣的下降。另一方面，灌输式教学也不利于教师关注学生的学习情况，无法对教学内容进行调整，从而导致学生学习的倦怠感。引入翻转课堂后，首先要求教师在教学方式上做出调整。微课、慕课等教学方式是翻转课堂的主要手段，教师通过引导式教学，将学生推到学习活动的前台，确立其主体地位，培养其独立思考、解决问题的能力。针对数据库原理课程的特点，在讲解案例的时候可以采用项目教学方式，将案例内容按照项目实施过程中的需求分析、逻辑设计、物理设计、数据库构建等步骤进行分解，每个步骤中融入知识点，使学生在掌握课本知识

的过程中了解数据库开发的流程。

在调整教学方式的同时，也需要对数据库原理课程的教学内容进行相应的调整优化。数据库原理的理论部分比较复杂，且前后有一定的联系，此时可以调整教学顺序，灵活安排教学内容。例如，数据的完整性规则、用户自定义数据、域间的约束关系三者既有联系又有区别，在实际使用中容易混乱，教师在安排教学内容时可以将三者归类，制作相应的微课视频集中讲授三者的关系以及使用情况。除了知识点内容外，教学案例也需要进行细化与优化。上文提到的学生成绩管理系统项目案例在教学使用过程中，可以按照实际应用情况进行丰富细化，增加一定的难度，根据难度的不同以作业或小组任务的方式布置给学生。教学内容优化调整的最终目的依然是为课程教学目标服务，以提高学生数据库应用能力，为培养专业人才建立良好的基础。

数据库原理课程是一门理论与实践并重的课程，在引入以学生为主体的翻转课堂模式后，除在理论的教学方法、教学内容上进行调整外，实践操作部分亦需要进行改进。在实际应用中，数据库的构建与程序开发紧密相连，具体项目的开发设计能力直接反映了学生数据库技术应用与创新的能力。在课程的实践环节，可以通过布置与程序设计相关的任务，锻炼学生数据库技术应用能力。根据任务难度的不同，可以将其分为个人任务与小组合作任务，在课前要求学生做好相关准备，课堂上由教师引导完成操作。通过与实际应用相关的实践，使学生了解数据库系统开发的过程，体验软件开发的步骤，提高团队合作能力，逐步锻炼其分析与解决实际应用问题的能力。

（二）翻转课堂在数据库课程教学中的应用设计

数据库课程的翻转课堂教学模式主要分为课下与课上两个环节，课下环节主要由学生按照老师布置的任务完成自主学习活动，课上环节由教师答疑进行知识点的巩固，针对具体教学内容进一步布置作业或小组任务。下面以E-R图的绘制为例进行翻转课堂的应用设计。

1. 课下环节

在上课前教师制定本节课的学习任务单，将包含绘制E-R图知识点的微课视频、课件以及相应的测试题通过线上方式发布。学生所要做的则是根据学习任务单制定的学习目标进行课程内容的学习，观看微课视频、课件，学习过程中做好相应的学习笔记，对自己尚有疑问的部分进行重点记录，然后完成测试任务。

学习任务单是学生自主学习的指导，主要包含了学习目标、知识点内容、重点难点。教师在制定学习任务单的过程中必须合理安排学习进度，适度搭配难与易的任务比例，同时也要注重任务与实际应用的结合度。针对E-R图绘制的章节，学习目标定为通过微课视频的观看，学会区分现实关系中的实体、联系以及实体的属性，并将其以图示的形式进行表示。知识点内容包含：实体的表示、联系的表示、属性的表示、主属性的选择。重点与难点主要落在实体与联系的区分以及如何进行主属性即候选关键字的选择上。对应于章节内容，课前的任务可以分成问题记录反馈和完成测试两部分。问题记录反馈主要是由学生记录微课视频观看过程存疑的部分，测试部分则是完成章节测试题。针对E-R图绘制的章节，测试题可以设计为理论与应用两部分，理论部分主要为实体与联系的相关概念，应用部分可以要求学生绘制学生、课程、教师三个实体的E-R图。

课下环节的完成度会直接关系到翻转课堂执行的顺利程度。教师需要做好监督与督促工作，收集学生的问题反馈，对课前任务做好分析与批阅，从而确定翻转课堂的主要活动内容，针对课程的重点难点以及学生普遍存在的疑问进行教学活动设计。

2. 课上环节

教师首先分析课前环节测试题中概念主观题的答题情况，对其中出错较多的题目进行分析，由此引入新课的知识点，然后明确本节课的学习目标以及学生需要掌握的知识与能力。在新课铺垫完成后，教师需要对本次课的知识点进行详细说明，结合课前学生反馈的问题，进行章节难点与重点的进一步讲解。针对E-R图绘制的内容，知识点说明部分需要进一步解释实体、联系与属性的概念，在重难点部分主要解释实体与联系的区别以及如何确定实体之间的联系。

接下来通过对课前测试题中应用题部分的讲解，帮助学生巩固对概念的理解，在这个过程中教师需要重点解释如何从题干中分析确定实体、如何确定实体的属性以及如何确定实体间的联系。教师可以要求学生将应用题中学生、课程、教师三个实体进行整合，将三个实体的E-R通过联系合并成一个。通过整合练习，使学生对E-R的整体关系有个大致了解。在此基础上，要求学生以小组任务的形式绘制项目案例的E-R图。该任务的主要难度在于实体的边界确定以及局部实体间联系的融合，在学生完成任务的过程中教师可以加以指导。在小组展示结果后，教师加以点评，并对课程内容要点进行回顾，然后布置相应的课后作业，以提升学生绘制E-R图的熟练度。

第三节　数据库课程中的微课教学模式应用

一、微课与微课程

（一）微课

"微课"这一名词起源于国外，2010 年才被我国教育学者胡铁生首次引入国内，由此在我国各教育领域展开了广泛的应用研究。但是发展至今，学术界对于微课的确切定义仍然没有达成一个统一的说法。胡铁生认为，微课就是以视频为主要载体，记录教师围绕某个知识点或教学环节开展的简短、完整的教学活动。之后随着微课在不同教育领域的实践和应用，它对传统教学模式所带来的改变越来越明显，在多方面展现出独特的教学优势，使人们更加深入地体会到微课的教学价值，同时微课自身的内涵与特点也不断得到丰富。

准确来说，微课主要包含以下三方面特点：第一，主题突出，目标明确。微课是教师根据教学任务以及自身教学特点而为学生量身设计的视频教学课程，该视频内容可贯穿整个教学过程，主要表现为对知识内容重点、难点等突出问题的讲解和说明，整体呈现出教学内容单一、教学目标明确的鲜明特点；第二，短小精悍，极具针对性。微课最明显的特点体现在"小"，主要体现在教学时间短，一段相对完整的微课一般在 10 分钟左右，同时包含微视频在内的所有配套辅助资源的总容量也只在几兆至几十兆之间；第三，便于查阅，易于共享。当代互联网科学技术的飞速发展，为各种数据资源的传播和流通提供了巨大的便利条件。微课本身数据量较小，可以在网络环境下实现快速下载和分享。手机、平板电脑、笔记本电脑等移动设备的快速普及，可以使学习者在任何时间和地点进行在线浏览和学习。教师可以借助网络平台查阅、参考并学习各地优秀微课资源，更大程度地实现资源共享；同时也可以跟学生随时进行互动和交流，在帮助学生解答疑惑的基础上也可以为自己明确教学重难点，进而提高教学效率。

（二）微课程

"微课程"这一概念最早是由美国新墨西哥州圣胡安学院的高级教学设计师、学院在线服务经理戴维·彭罗斯所提出，他把这种微课程又称之为"知识脉冲"。简单来说，微课程的设计目标就是运用建构主义支撑下的学习方法，将在线学习或者移动学习充分有效地应用到实际教学的全过程。微课程本身具有完整的教学设计环节，教师可以依托微课程实现教学过程的设计、开发、实施以及评价等环节，进而为学生提供一种更加高效的现代教学方式。戴维·彭罗斯还指出，微课程将成为微课的主要发展方向，随着现代网络科技的发展以及人们学习思维的转变，微课程会在未来教学发展中展现更加重要的作用，逐渐成为微课的主要存在模式。

二、微课在数据库原理与应用课程教学中的应用研究

数据库原理与应用是信息管理与信息系统专业必修的一门重要学科基础课，主要讲授数据库的基础理论知识、Transact-SQL语言、数据库基本对象及高级对象的创建与管理等。通过课程的学习，学生应掌握数据库的设计过程和方法，掌握Transact-SQL语言，熟悉SQL Sever操作，为后续的专业课程

网站设计与开发、信息系统分析与设计等奠定坚实的基础。随着教育信息化水平的不断提高，传统单一的授课模式和手段已无法满足学生学习的需要和对教学的要求。因此，借助微课这一新型的教学方法改革传统教学方法和模式，对提升数据库原理与应用课程教学效果有着极其重要的作用和意义。

（一）利用微课辅助数据库原理与应用课程教学的必要性

"微课"是以微型教学视频为主要载体，针对某个知识点（重点、难点、疑点、考点等）或教学环节（学习活动、主题、实验、任务等）而设计开发的一种情景化和支持多种学习方式的在线视频课程资源。

1. 微课教学有利于提升学生的学习兴趣

微课短小精悍，主题突出，5~10分钟的微课视频只涉及一个知识点。这种模式可以使得学生集中注意力，对知识点、重点难点更好地理解和掌握，激发学生的学习兴趣。"云课堂"上的微课视频，可以使学生利用碎片化的时间学习，方便学生课前预习，课后复习，对于重点难点或者没有掌握的实操视频，可以反复观看，既增强了学生学习兴趣，又提高了学习的主动性和积极性。[①]

2. 微课教学有利于提升教学质量

传统的理论教学，教师多以PPT讲解为主，受时间和空间的制约，教师讲得多学生练得少，教学效果和学习效果都大打折扣。而引入微课，针对课程的性质与特点，教师可以精心设计教学内容，使得5~10分钟的微视频可以把知识点讲清楚，讲明白，使学生充分理解教学内容并及时消化。

（二）基于微课的《数据库原理与应用》课程设计

1. 教学过程设计

（1）课堂教学环节。

课前：教师将微课相关资源（微课视频、PPT课件、预习检测、课堂练习、章节习题、上机实验等）上传至云课堂、微信平台等，学生在线自主学

---

① 王静婷，王艳丽，张敏. 微课教学模式在 Oracle 数据库课程中的应用 [J]. 电脑知识与技术，2016，12（1）:21–24.

习、课前预习所需要掌握的知识点和重点难点。通过课前预习，学生观看微视频，可以对将要学习的内容有一个初步了解和认识，并结合自身对教学内容的理解程度，有针对性地去听课，增强学习的主动性。

课中：教师授课前，用5分钟时间，让学生进行"预习检测"，以了解学生课前预习的效果以及对相关知识点和重点难点的掌握情况。根据检测结果，教师使用PPT有针对性地重点讲解大家未掌握的SQL Server相关知识点和技能，强调重点和难点，和学生一起强化未掌握的或掌握不好的知识点。随后进行"课堂练习"，以检测学生对该节课所学知识点的掌握情况，并布置上机练习作业，下课前留2分钟时间对授课内容和上机练习进行总结。

课后：学生通过云课堂、微信平台等在线巩固所学的知识点和重点难点。教师在微信群或者QQ群提出一些延伸问题或者布置一些测试题、练习题帮助学生进一步强化知识点，从而对课堂教学进行一定程度的延伸。[①]

（2）上机实践环节。课堂教学外的16学时上机实践，学生应提前观看上机实践有关的微课视频，在教师指导、上机实验说明书的引导下进行课程实验。一般情况下，可通过反复观看相关微课视频自主完成。学力好的学生可独立完成并有所创新，时间充裕的话，也可提前学习后面的内容；学力一般的学生可通过部分回放微课视频来顺利完成；学习效果不理想的学生可在反复学习微课视频后完成任务，这种学习实验在一定程度上实现了对学习主体的分层教学。[②]

2. 教学考核方式的设计

改革传统的试卷（70%）+课堂（30%）考核方式。采用新的试卷（40%）+课堂（30%）+实践（30%）考核方式，将微课纳入考核环节中，重视课程的过程考核和实践考核。其中：试卷考核（40%）依然延续之前的笔试闭卷考核方式，以反映学生对知识点、重点难点的掌握情况；课堂考核（30%），主要结合每堂课的"预习检测"（5%）、"课堂练习"

① 石芸. 微课在 SQL Server 数据库课程教学中的应用 [J]. 信息与电脑，2018（13）:243-245.
② 韦宁彬. 微课在数据库技术课程中的教学应用研究 [J]. 教育教学论坛，2017, 13（3）:266-267.

（15%）、"章节习题"（10%）等综合评定，目的是让学生重视教学过程的考核；实践考核（30%）根据学生的上机实验自主完成情况进行核定，并辅以上机综合测试，以期从根本上调动学生日常学习的积极性和主动性，达到培养学生SQL Server数据库课程综合实践能力的要求。①

---

① 王兴柱.微课在高校数据库原理及应用课程实验教学中的应用[J].西部素质教育，2017（10）:139-140.

第四章　数据库应用与共享平台设计

第一节　教学平台上的异构数据库应用

一、异构数据库同步系统分析与设计

本节首先了解一卡通平台和Moodle教学平台的使用现状，分析两系统服务器的网络布局及后台数据库对应表的表结构设计，从而确定整体设计方案及实施细节。

（一）一卡通系统和Moodle网络教学平台使用现状

A校一卡通系统平台是广东三九智慧电子信息产业有限公司开发研制的，存放着700余名教师和大约7000名学生的个人基础信息。同时作为数字化校园建设的基础数据平台，学生持有一卡通可在食堂就餐，在图书馆借阅书籍、杂志，同时，一卡通与宿舍的门禁系统相关联。一卡通系统后台数据库采用Oracle作为数据库管理系统。

Moodle网络教学平台是该校依托当前高校流行的开源Moodle平台，自主开发的一部分组件形成，目前已广泛应用于各类课程的辅助教学。Moodle平台的后台数据库采用MySQL作为数据库管理系统。[①]

目前，两个系统是完全独立的，Moodle平台有属于自己的用户注册系统。任何人只要登录到教学平台网站首页都可以注册成功，这也导致学生所

---

① 郭大春，田农乐. 信息化校园建设中数据库同步问题的研究 [J]. 微型机与应用，2011，30（6）:73-75.

注册信息存在失真性和不可控制性。本教学平台在日常教学中应用非常广泛，几乎每一次机房上课都需要登录使用。为了让教师在课堂上更好地以班级为单位管理和使用，可关闭用户自动注册功能，而直接将校园一卡通数据导入Moodle平台的后台数据库中。虽然学生信息日常更新不是很频繁，但仍然存在。何况新生入校会有大量学生信息需导入，学生毕业需将学生信息删除。因此，笔者设计了该异构数据同步方案，将一卡通系统后台Oracle数据库的学生基本信息表及其后期的数据更新提取出来，通过网络传输，同步到Moodle平台服务器，并写入后台数据库对象用户信息表中，此过程自动实现。该同步方案是单方向同步，只允许基础数据发生变动时自动实现更新。

（二）一卡通平台和Moodle网络教学平台服务器网络布局

从网络结构上分析，A校校园一卡通系统服务器在科技楼三楼网络中心，而Moodle教学平台服务器在五楼机房服务器室。虽然两台服务器在同一楼的不同楼层，物理距离不远，但在网络上二者并不在同一局域网内，两服务器属于异构服务器，其物理网络拓扑结构如图4-1所示。

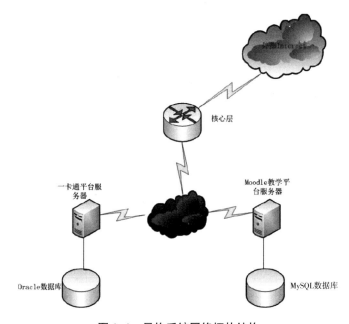

图4-1　异构系统网络拓扑结构

（三）异构数据库同步系统的总体设计

本异构方案旨在实现校园网内部两个系统间的数据同步，最终实现学校各业务系统间的数据交流，将一个个独立的应用系统关联起来，实现充分的数据共享。下面将从不同的角度对整个系统的业务逻辑和业务流程进行分析。[①]

一卡通系统和Moodle教学平台系统采用的数据库管理系统不同。一卡通平台采用Oracle作为后台数据库，而Moodle平台采用MySQL作为后台数据库，二者属于异构数据库。

由于一卡通数据库是我校学生信息的基础数据库，而其他应用系统都只是单向从一卡通数据库索取所需信息，所以该同步方案本书只研究单向同步。大致流程如下：

第一，在原始状态下，将源数据库Oracle下的userinfo表对应字段的记录信息完全同步到目标数据库MySQL下的对应表tfmdl_user中，实现Moodle教学平台基本数据的初始化操作。

第二，正常运行后，对源数据库中userinfo表利用动态数据捕获技术进行监控，捕获该表的数据变化。当Oracle中userinfo表出现更新时，自动捕获该表中记录的变化信息，并记录下来。然后将数据变更表所有记录转换成通用数据格式，保存到本地磁盘上，利用网络数据传输技术将信息传递到Moodle平台服务器端，最后写入MySQL数据库中更改对应表 tfmdl_user。该方案的总体设计流程如下图4-2所示。

通过分析流程图，很容易发现，系统的总体设计方案可以划分为四个模块。

模块一：数据捕获操作。在一卡通平台服务器上，对一卡通平台后台Oralce数据库userinfo数据表进行分析，找出与Moodle教学平台数据库对应表tfmdl_user 的关联字段，这几个字段的内容就是要同步的数据资料。然后为

---

① 熊现，邱卫懂，陈克菲 . 基于 Java/XML 的分布式异构数据库同步系统的实现 [J]. 计算机应用与软件，2008，25（2）：122-144.

userinfo数据表创建触发器，对这几个字段进行监控。当有数据插入、修改、删除等操作方式时，激活触发器，将变化数据保存到数据变更表中。

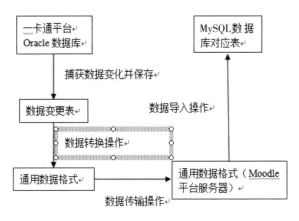

图4-2　异构方案总体设计流程图

模块二：数据转换操作。数据变更表中存储的数据记录仍然是以关系表的形式存储的。这种存储方式显然是不适合进行数据转换和对其他数据库管理系统进行导入的，因此我们应该对数据变更表中的记录做数据的转换，将标准的二维表记录转换成标准的通用数据格式XML。XML数据是一种通用文本格式，在各类异构操作系统中都能很方便地打开浏览。同时当前常见的数据库管理系统如Oracle、MySQL、MSSQL都对XML支持得很好，很容易作为各数据库管理系统间数据转换的中间件来使用。

模块三：数据传输操作。在网络上进行数据的传输需要借助JMS来实现，需要在各异构系统间配置JMS软件，为双方分配好角色，配置好参数，从而实现消息数据的生产和消费。通过对当前常用的商用JMS提供者和免费JMS提供者进行分析，本书最终选定Apache ActiveMQ软件作为JMS提供者。一是此软件是一个免费版本，二是此软件配置也比较简单，最为重要的是此软件一直都有更新，且功能非常强大，对XML格式的大型数据传输也支持得很好。

模块四：数据导入操作。在Moodle教学平台服务器上，将从一卡通平台服务器传送过来的XML文档导入Moodle平台的后台MySQL数据库tfmdl_user

中，完成对数据的添加或更新操作。

二、异构数据库同步系统实现

（一）数据捕获

1. 数据控制表创建

本节所研究的数据库同步，主要涉及一卡通平台Oracle数据库中的账户表Userinfo和Moodle网络教学平台MySQL数据库中的用户表 tfmdl_user。userinfo表的表结构如表4-1所示。[①]

表4-1　userinfo 表

列名	数据类型	长度	注释	允许空
Id	Int	4	编号	
Sno	char	15	工号/学号	
Sname	char	20	姓名	
Ssex	bit	1	性别	
Stype	char	10	类型	
Sstatues	char	10	状态	
Phone1	char	15		允许
Phone2	char	15		允许
Dno	char	20		允许
Aname	char	30		允许
Dname	char	30		允许
Cname	char	30		允许
Bno	char	20	控制器编号	允许
Bname	char	30		允许
Mname	char	30		允许
Ename	char	30		允许
Photo	image	16		允许
Memo	char	100		允许

---

① 陈东亮，孙静.数据交换系统中变化捕获方法的研究与实现[J].计算机工程与设计，2010，31（1）:94-97.

userinfo表记录着全校所有教职员工和学生的基本信息，是一卡通平台的基础核心数据，此数据在校内办公系统、图书馆借阅系统以及教学管理系统中都是通用的数据，所以无论是表结构还是表记录，都不宜随便修改。

tfmdl_user表的表结构如下表4-2所示。

表4-2　tfmdl_user表

字段	类型	null	默认
Id	Bigint（10）	是	nULL
Auth	Varchar（20）	是	manual
Confirmed	Tinyint（1）	是	0
Policyagreed	Tinyint（1）	是	0
Deleted	Tinyint（1）	是	0
Mnethostid	Bigint（10）	是	0
Username	Varchar（100）	是	
Password	Varchar（32）	是	
ldnumber	Varchar（255）	是	
Firstname	Varchar（100）	是	
Lastname	Varchar（100）	是	
Email	Varchar（100）	是	
Emailstop	Tinyint（1）	是	0
Icq	Varchar（15）	是	
Skype	Varchar（50）	是	
Yahoo	Varchar（50）	是	
Aim	Varchar（50）	是	
msn	Varchar（50）	是	
Phone1	Varchar（20）	是	
Phone2	Varchar（20）	是	
Institution	Varchar（40）	是	
Department	Varchar（30）	是	
Address	Varchar（70）	是	
City	Varchar（20）	是	
Country	Varchar（2）	是	

续表

字段	类型	Null	默认
Lang	Varchar（30）	是	en_utf8
Theme	Varchar（50）	是	
Timezone	Varchar（100）	是	99
Firstaccess	Bigint（10）	是	0
Lastaccess	Bigint（10）	是	0
Lastlogin	Bigint（10）	是	0
Currentlogin	Bigint（10）	是	0
Lastip	Varchar（15）	是	
Secret	Varchar（15）	是	
Picture	Tinyint（1）	是	0
url	Varchar（255）	是	
Description	Text	是	null
Mailformat	Tinyint（1）	是	1
Maildigest	Tinyint（1）	是	0
Maildisplay	Tinyint（2）	是	2
Htmleditor	Tinyint（1）	是	1
Ajax	Tinyint（1）	是	1
Autosubscribe	Tinyint（1）	是	1
Trackforums	Tinyint（1）	是	0
Timemodified	Bigint（10）	是	0
Trustbitmask	Bigint（10）	是	0
Imagealt	Varchar（255）	是	null
screenreader	Tinyint（1）	是	0

　　tfmdl_user表是Moodle平台的用户信息表，初始状态不存在任何数据。经过对比两个表的表结构发现，这里所需要同步的仅仅是两个表中相对应的几个共有字段，主要对应关系如表4-3所示。

表4-3　两表对应关系

userinfo表	tfmdl_user表
Id	Id
Sno	idnumber
Sname	username

在异构方案构建前，一卡通平台是正常运行的，其后台数据库存储着约7000名学生和700余名教师的个人信息。而Moodle网络教学平台为了实现对学生和对教程的管理，重新进行了安装初始化，tfmdl_user表中是空白的，不存在记录。当异构方案实现时，其第一步将首先读取一卡通数据库userinfo表记录中包含Id、Sno、Sname的全部记录，更新到Moodle平台数据库tfmdl_user中。在之后的运行过程中，将监控tfmdl_user表，将其更改同步更新到userinfo中。在此，还存在一个问题就是默认情况下，tfmdl_user表中所有字段都设置了不为空，这里需要手动更改一下，将除Id、Sno、Sname以及password之外的其他字段都设置为允许为空，并设置password字段值始终等于Sno值。

为一卡通平台数据库userinfo表创建对应的控制变更表，其中包含源userinfo表的主键字段和与目标数据库tfdml_user表的相关字段。当userinfo表数据出现变更时，相应触发器会捕获其变化的记录，并将变更后的数据信息记录到对应的控制变更表中。当数据同步发生时，程序会从控制变更表中取出变化的数据，并生成XML文档保存到硬盘上。控制变更表的表结构如表4-4所示。

表4-4　控制变更表

字段名	数据类型
Id	int
Sno	char（15）
Sname	char（20）

在控制变更表中，Id字段、Sno字段以及Sname字段分别代表着编号、学生的学号和姓名，这与userinfo表中的字段是一一对应的。

2. 触发器实现

要实现异构数据库间的数据同步，第一步就要考虑源数据库相关表的数据变化捕获问题。在整体了解了当前普遍使用的几种动态变化捕获技术后，本研究结合实际需求，在不改变原有系统正常运行的前提下，最终选定采用数据库触发器技术。

使用触发器的目的主要是监视指定表，当所监视的表中的记录发生变化后，激活触发器，将变化捕获，并将已更改的记录信息写入创建的控制表中。

本研究使用了insert、delete、update三类触发器，下面以系统在Oracle数据库上所创建的触发器为例，详细介绍触发器在系统中的使用。

（1）insert触发器。

```
crcatc trigger tri_emp
after insert on tfmdl_user
for each row
insert into new values （ : new.sno, : new. sname, :new.sex, :new.depart）
```

上面的代码详细说明了系统中使用的insert触发器，其意义如下：

创建一个触发器，指定名称为 tri_emp，设置触发类型为数据插入数据表后触发，指定触发操作为向表new中插入一条记录。

（2）delete触发器。

```
create trigger tri_emp_delete
after delete on employees
for each row
delete from new where sno=: old.sno
```

上面的代码创建了一个delete触发器，当在employees表删除记录时激活触发器，然后执行删除操作，从new表中删除与原表中 Sno字段相同的记录。

不同点是它往new表中插入的记录是删除前的记录值，而insert触发器插入的记录是新增加的记录值。

（3）update触发器。

```
create trigger tri_emp_update

after update on employees

for each row

begin

delete from new where sno=:old. sno ;

insert into new values（ :new.sno, : new.sname, : new.sex,: new. depart）;

end;
```

上面的代码创建了一个update触发器，它的操作是最为复杂的，它相当于执行了两步操作。该触发器被激活后，首先删除new表中与旧表中Sno字段相同的记录，然后向new表中插入一条新记录。

（二）数据转换

本小节将把Oralce 数据变化表new转换为exp.XML文档。在目前大多数关系数据库管理系统中都提供了对XML文档的支持，既可直接在DBMS中保存为XML格式，也可以通过数据库的导出功能，将数据库的表文件直接转换为通用XML文件保存在外部磁盘中。本研究在此处旨在导出XML格式的通用数据格式进行后期的数据传输工作，以解决各类应用系统对一卡通平台基础数据的需求。[①]下面将具体实现Oracle数据表文件导出为XML文件的操作步骤：

第一步，用sys用户登录Oracle，创建一个目录变量MY_XML，将此目录的读写权限授予scott用户，同时将utl_file包的执行权限授予scott。

```
create directory MY_XML as 'c:\' ;

grant write,read on directory MY_XML to scott ;
```

---

① 刘海东，缪旭波，胡孔法，陈峻 . 基于 XML 的数据交换技术研究与实现 [J]. 扬州大学学报：自然科学版，2007，10（2）:50-53.

grant execute on utl_file to scott；

第二步，注销sys用户，改用scott用户登录Oracle，执行如下操作即可实现。

```
declare

src clob；

xmlfile utl_file.file_type；

length number；

buffer varchar2（16384）；

begin

src :=dbms_xmlquery.getxml（'select * from new'）；

length :=dbms_lob. getlength（src）；

dbms_lob.read（sre,length, 1, buffer）；

xmlfile :=utl_file.fopen（'MY_XML', 'exp. xml', 'w'）；

utl_file.put（xmlfile, buffer）；

utl_file.fclose（xmlfile）；

end;
```

（注意：目录变量必须为大写）

至此，一卡通平台数据库对应表的数据变化情况已经转换成独立的XML文件，基于XML文档的平台无关性和通用性原则，方便后期在异构系统间进行数据的发放。

（三）数据传输

1. Apache ActiveMQ环境搭建

（1）安装JDK。

将C:\Program Files\Java\jdk1.5.0\lib\tools.jar拷贝到C:\Program Files\Java\jdk1.5.0\jre\lib文件夹下，同时拷贝到C:\ProgramFiles\Java \jre1.5.0\lib文件夹下。

（2）设置系统变量。

JAVA_HOME=C:\Program Files\Java\jdk1.5.0

CLASSPAHT=.;C:\Program

Files\Java\jdk1.5.0\lib\tools.jar;D:\Program

Files\Java\jdk1.5.0\lib\td.jar;C:\Program Files\Java\jdk1.5.0\lib

PATH=C:\Program Files \Java \jdk1.5.0\bin;

（3）安装 apache-ant-1.7.1。

设置环境变量:

ANT_HOME=E:\ActiveMQlapache-ant-1.7.1

PATH=E:\ActiveMQlapache-ant-1.7.1\bin

CMD进入bin目录后后，输入ant就可以（可能提示什么失败，没关系，说明运行正确）

（4）安装和运行ActiveMQ。

到activemq. apache.org/去下载一个最新版（笔者下载的是5.0.0）E:\ActiveMQlapache-activemq-5.0.0。

①打开一个CMD，进入E:\ActiveMQlapache-activemq-5.0.0\bin，运行activemq.bat或activemq，可以看到以下信息，说明成功启动。

ACTIVEMO_HOME:D:\dev_env\activeMQ\bin\..

ACTIVEMO_BASE:D:\dev_env\activeMQ\bin\..

Loading message broker from:xbean: activemq. xml

INFO Brokerservice-Using Persistence Adapter:

AMQPersistenceAdapter（D:\dev_env\activeMQ\bin\..\data）

INFO BrokerService-ActiveMQ5.1.0 JMS Message Broker （localhost）is starting

INFO BrokerService-For help or more information please see:

http://activemq. apache.org/

INFO AMQPersistenceAdapter-AMQStore starting using directory:

D:\dev_env\activeMQ\bin\..\data

INFO KahaStore–Kaha Store using data directory

D:\dev_env\activeMQ\bin\..\data \kr–store\state

INFO AMQPersistenceAdapter–Active data files:[]

INFO KahaStore–Kaha Store using data directory

D:\dev_env\activeMQ\bin\..\data \kr–store\data

INFO TransportServerThreadSupport–Listening for connections at:

tcp://tdfrank–desktop:61616

INFO TransportConnector – Connector openwire Started

INFO TransportServerThreadSupport–Listening for connections at:

ssl://tdfrank–desktop:61617

INFO TransportConnector – Connector ssl Started

INFO TransportServerThreadSupport – Listening for connections at :

stomp://tdfrank–desktop:61613

INFO TransportConnector–Connector stomp Started

INFO TransportServerThreadSupport–Listening for connections at:

xmpp: //tdfrank–desktop:61222

INFO TransportConnector–Connector xmpp Started

INFO NetworkConnector–Network Connector default–nc Started

INFO BrokerService–ActiveMQ JMS Message Broker （localhost,

ID:tdfrank–desktop–52040–1220634668576–0: 0） started

INFO log – Logging to

org.slf4j.impl.JCLLoggerAdapter（org.mortbay.log）via org.mortbay.log.S

lf4jLog

INFO log–jetty–6.1.9

INFO WebConsoleStarter–ActiveMQ WebConsole initialized.

INFO/admin–Initializing Spring FrameworkServlet 'dispatcher'

INFO log–ActiveMQ Console at http://0.0.0.0:8161/admin

INFO log–ActiveMQ Web Demos at

http://0.0.0.0:8161/demo

INFO log – RESTful file access application at

http://0.0.0.0:8161/fileserver

INFO log – Started

[email=SelectChannelConnector@0.0.0.0:8161]SelectChannelConnector00.0.0.0:8161[/email]

INFO FailoverTransport–Successfully connected totcp://localhost:61616

②打开另一个CMD，进入E:\ActiveMQ\apache–activemq–5.0.0\example，运行ant consumer，可以看到相关接受信息。

③打开另一个CMD，进入E:\ActiveMQlapache–activemq–5.0.0\example，运行ant producer，可以看到相关发送信息。

（5）退出ActiveMQ。

退出ActiveMQ的话只需在运行activemq. bat的那个CMD窗口按下Ctrl–C即可。

（6）Monitoring ActiveMQ。

http://127.0.0.1:8161/admin

或

http://localhost:8161/admin

http://127.0.0.1:8161/demo

或

http://localhost:8161/demo

理论测试环境与实际应用环境还有一定的区别，以上应用是在一台机器上通过测试的，现需根据实际应用环境重新配置参数，其相应参数配置在一个名为activemq. xml的文件中，文件的相对路径是\CONF下。

在全面理解了此文件的基础上，对相应参数进行修改。

第一步，由于本研究所用到的ActiveMQ仅仅是在一卡通服务器和Moodle

平台服务器两点间的数据传输，因此修改一卡通服务器端的Activemq. xml文件，将代码段<transportConnector name="openwire" uri="tcp://localhost:61616"discoveryUri="multicast:/ldefault"/>中的discoveryUri="multicast:/ldefault"删除掉，将传输方式由广播方式转换为点对点的单播模式。

第二步，依照一卡通端和Moodle平台端的实际IP地址设置修改配置文件。一卡通端配置文件中涉及的具体代码为<networkConnector name="default-nc"uri="multicast:lldefault"/>，修改为<networkConnector name="clusterA"uri="static:/l（tcp://222.134.78.220:61616）"%>。将Moodle平台服务器端配置文件中涉及的这段代码修改为<networkConnector name="clusterA " uri="static:// （tcp:/10.10.251.1:61616）"/>。

2. 利用Apache ActiveMQ 实现数据传送

本小节利用ActiveMQ来实现数据的传输，具体传输内容为一个XML文档，因此在选择消息类型上主要有两种方式，一种是采用ByteMessage来按字节传送文件，这是JMS提供的标准消息类型，另一种是ActiveMQ提供的一种专有的消息格式org.apache.activemq.BlobMessage，可以用来传送大对象。本研究所传送的XML文档大小存在不确定性。一方面，在异构数据库集成成功后的第一次数据同步，需要将一卡通数据库中userinfo表中近8000条记录全部传送到Moodle平台服务器数据库中，再者就是学生毕业和新生入学时所传输的数据量比较大。另一方面，后期Moodle平台正常使用期间，所需要传送的内容主要就是少许的数据改动，因此数据量就比较小了，甚至几个月没有一次同步都属正常情况。基于真实情况，本研究在文件传输中采用ActiveMQ提供的专有字节流BlobMessage的形式来实现。

首先，本文将一卡通服务器端作为ActiveMQ的一个客户端，配置为消息发送方，其模式为点对点的队列传输方式。具体实现代码如下所示：

```
public class ActiveMQFileServerSender {
private String user = ActiveMQConnection.DEFAULT_USER;
private String password = ActiveMQConnection.DEFAULT_PASSWORD;
```

```
    private String url ="tcp://localhost:61616?jms.blobTransferPolicy.
defaultUploadUrl=http://localhost:8161/fileserver";
    private String subject = "Blob Queue";/点对点模式，信息以队列的形式发
送
    private Destination destination=null;
    private ActiveMQConnection connection=null;
    private ActiveMQSession session=null;
    private MessageProducer producer=null;
```

程序中涉及的类型包导入如下所示：

```
    import java.io. File;
    import javax.jms.DeliveryMode;
    import javax.jms.Destination;
    import javax.jms.JMSException;
    import javax.jims.MessageProducer;
    import javax. jms.Session;
    import org.apache.activemg.ActiveMQConnection;
    import org.apache.activemg.ActiveMQConnectionFactory;
    import org.apache.activemg.ActiveMQSession;
    import org.apache.activemg.BlobMessage;
```

为了使以上Java类能够正常运行，需要导入几个外部必须的JAR文件。所涉及的jar文件有：

```
    slf4j-nop-1.6. 1.jar
    slf4j-api-1.6.1.jar
    activemg-all-5.5.0.jar
    dt.jar
    tools.jar
    rt.jar
```

　　其中，dt.jar 和 tools.jar是在服务器系统的JDK安装目录下的lib子目录内，测试机器的地址是C:\Program FileslJavaljdk1.6.0_10lib目录下；

　　slf4j-nop-1.6.1.jar和 slf4j-api-1.6.1.jar是在slf4j-1.6.1里面，如果服务器没有此包的话，可以从网络中搜索获取；

　　rt.jar是在服务器系统的JRE安装目录下，即C:\Program FilesUJavaljre6llib目录下；

　　最为麻烦的是activemq-all-5.5.0.jar，该文件位于activemq5.5版本的解压缩目录下，同时因为该文件内部有关于slf4j的版本较旧，影响了Java程序的正常调用，所以要把activemg-all-5.5.0.jar内部org下的slf4j全部删除才可以。

　　至此，Apache ActiveMQ服务器及客户端就配置好了，同时文件也都编辑好了。

（四）数据导入

　　异构数据库同步的最后一个环节就是将传送到Moodle平台服务器端的XML文件导入到MySQL服务器的对应表中，此操作需要用到Java技术来实现，具体实现需要两个步骤：首先从new.XML上获取信息，然后写入MySQL数据库。主要程序代码如下所示：

```
public class dom4j {
private static String FILE_NAME= "data/new.xml";
public static void main（String srgs []）
{
    ArrayList sid=new ArrayList（10）;
    ArrayList ssno=new ArrayList（10）;
    ArrayList ssname=new ArrayList（10）;
    //读取文件
    dom4j d =new dom4j（）;
    try {
        String root;
```

```
//返回Document对象
d.read（FILE_NAME）;
root=d.getRootElement（d.read（FILE_NAME））.getName（）;
//获取根结点名称
System.out.println（"root Node is: "+root）;
//获取元素列表
d.getElementList（d.getRootElement（d.read（FILE_NAME）），
sid,ssno,ssname）;
//插入数据
d.insert（sid,ssno,ssname）;
}catch（MalformedURLException e）{
//TODO Auto-generated catch block
e.print StackTrace（）;
}catch（DocumentException e）{
//TODOAuto-generated catch block
e.printStackTrace（）;
}
}

//读取文件
public Document read（String fileName）throws
    MalformedURLException, DocumentException {
    SAXReader reader=new SAXReader（）;
    Document document=reader. read（new File（fileName））;
    return document;
}
//获取根结点
public Element getRootElement（Document doc）{
```

```
            return doc.getRootElement（）；

        }
        //遍历获取子节点
        public void getElementList（Element root, ArrayList sid, ArrayList ssno,
    ArrayList ssname）
        {
        System.out. printIln（"id\n"+"sno\n"+"sname\n"）；
        lterator i = root.elementIterator（）；
        Element e =（（Element）i.next（））；
        for（i=root.elementIterator（）；i.hasNext（）；）
            {
            Element element =（（Element）i.next（（）））；
            System.out.print（element.attributeValue（"id"）+"In"）；
            System.out.print（element.attribute Value（"sno"）+"In"）；
            System.out.print（element. attributeValue（"sname"）+"In"）；
            sid.add（element.attributeValue（"id"））；
            ssid.add（element.attributeValue（"sno"））；
            ssname.add（element. attributeValue（" sname"））；
            }
        }
        public void insert（ArrayList a, ArrayList b）{
            Connection con;
            Statement sql;
                try
                {
                        Class.forName（"com.mysql.jdbc.Driver"）；
                }
```

```
        catch（ClassNotFoundException ex）

        {

            System.out.println（""+ex）；

        }

    try

        {

    Con=DriverManager.getConnection（"jdbc:mysql://localhost:3306/
xmltest","root","sa"）；

            sql = con.createStatement（）；

            //插入数据

            for（ int i=0;i<a.size（ ;itt）{

                sql.execute（" insert into xmltest.test values "+"
                （"+i+" ,""+a.get（i）+"","tb.get（i）+""）"）；

                }

                System.out.println（" Insert data done!"）；

                sql.close（）；

                con.close（）；

            }

        catch （Exception e）

        {

            System.out.println（""+e）；

        }

        }

    }
```

在程序中，读取XML文件的内容使用dom4j-1.6.1.jar，连接MySQL数据库使用mysql-connector-java-5.1.5-bin.jar。私有静态字符串FILE_NAME其值为:"data/new.xml"；getElementList（Element, ArrayList, ArrayList）方法

主要作用是获取一系列XML文件节点的方法，并将相应数据写入ArrayList；getRootElement（Document）的主要作用是获取根结点；Insert（ArrayList，ArrayList）的主要作用是向MySQL数据库插入刚刚从XML文件里获得的数据；Read（String）方法主要是用来读取一个Document对象。

（五）运行测试

这次测试是在局域网试验环境下针对数据捕获、数据转换、数据传输以及数据导入进行的。

测试环境：

操作系统：一卡通端，Red Hat Enterprise Linux

Moodle 平台服务器端：Windows 2003 Server

数据库：Oracle，MySQL

软件：Myeclipse 9

测试结果如图4-3所示。

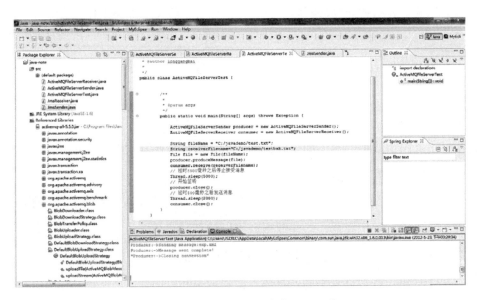

图4-3 使用ActiveMQ传输XML文件

第二节　教学资源数据库共享平台

一、相关技术分析

本小节是系统实现的准备环节，主要介绍本平台实现所要应用的相关技术。首先介绍了XML技术的相关概念，为平台的后续设计和开发做了技术铺垫；接着介绍了共享平台的信息架构及相关理论和数据整合平台用到的中间件相关技术，这两部分内容分别为共享平台的架构设计和层次划分提供了技术支持。本节的内容主要为平台开发做了必要的技术准备。

（一）XML介绍

本部分首先介绍了XML语言在数据整合方面的优势，随后介绍了XML解析器的概念、版本和解析规范，最后对XML的应用空间相关技术做了介绍，为数据统一表示和异构数据库信息的传输做了重要技术准备工作。

1. XML的概念

XML（Extensible Markup Language）被称作"可扩展标记语言"，它是由SGML（Standard Generalized Markup Language）标准通用标记语言发展而来。XML的第一个版本XML1.0由万维网联盟在1998年推出。XML语言使用方便，主要用于数据的描述和信息存储。XML语言按照其规范，仅用少量的简洁的关键字就可以表示信息。

XML不只是一种语言，还是一套规范。在不同的计算机系统中，数据的表示只要满足XML规范，这些数据就可以被不同的系统认识。这样就方便了数据在不同系统中的共享和交流。XML可拓展标记语言的优势如下：

①提供一种数据表示和共享标准，促进不同应用程序之间的数据交互。

②同种数据具有多种样式。XML是描述和存储数据语言，不关心数据如何显示。数据如何显示由其他语言决定，这样XML语言就可以统一表示数据，按照用户对数据的要求任意添加修改数据信息，而不会造成数据在不同

系统的显示不兼容。在XML数据文件中，数据字段的数据量是由用户根据数据长度随意指定的，这是因为XML只对数据的表示格式敏感，而不关心数据的具体内容和长度。

③分布式处理数据资源。和HTML语言不同的是，XML语言文档中的数据可以被其他语言或者应用软件按照用户需求进行整体或分段提取，而且提取的操作既可以在服务器端，也可以在客户端。XML语言的这种特性大大改进了使用HTML语言作为载体的信息提取和加工操作，降低了系统的开发复杂度以及日后的维护难度。

④便于学习、功能强大。XML语言继承了HTML语言语法简单、格式简单的特点，对已熟悉HTML语言的程序员来说，可以很快地上手进行系统开发，即使以前没有学习过HTML语言的程序员，也可以很快地熟悉XML的语法特点。XML语言也为系统的开发提供了方便，在需要提供信息表达的程序开发中，XML已受到许多大公司的青睐，如BEA公司在搭建系统时，就用XML语言作为数据表示的规范，大大地减少了系统的开发工作量。

目前，XML已成为最常见的信息构建工具之一，这种统一的信息构建工具，使不同的系统模块可以采用同样的数据表示方法，避免了模块之间由于数据表示的差异性而增加的工作量。随着XML语言的发展，专门对XML语言进行加工的软件模块已很多，最著名的是NeoCore公司开发的XML管理系统。该XML管理系统模块可以为用户提供XML数据加工接口，用户不需要关心这些接口具体是如何工作的，而只需要知道如何使用即可。这在软件的开发或者维护过程中可以大大缩短系统开发时间。

2. XML解析器

XML文件作为数据的载体，相当于一个存放数据的容器。那么，提取XML文件中的数据信息是使用这些数据必不可少的操作。这种操作的效率会直接影响应用程序对数据的处理效率。另外，将数据写入XML文件中的操作，就相当于将数据放入这个容器，这种操作同样也会影响系统的整体效率。XML解析器正是提供这些操作的系统模块。应用程序一般无法直接处理

XML文件中的数据，这就要求在XML文件和应用程序之间需要一个用来提取XML中有效数据的中间层，我们称之为XML解析器。常见的XML解析器有两种类型，一种是基于DOM（Document Object Model）解析器，另外一种是基于SAX（Simple APl for XML）解析器。

DOM解析器解析XML数据的方法是将XML数据文件全部载入内存，在内存中根据XML文件的层次关系进行数据读取和解析。这种解析方式由于要将XML文件全部载入内存，所以不适合文件较大的XML数据解析，而较适合解析数据文件较小但结构复杂的XML数据文件。[①]

DOM解析器有三个版本：

（1）第一个DOM解析器版本仅支持XML1.0。我们知道XML命名空间提供了分割文档中信息的能力，但是这个版本的解析器并不支持XML命名空间。

（2）第二个DOM解析器版本于2000年3月发布，从第二个版本开始，DOM解析器开始支持XML Namespaces名称空间。

（3）第三版的DOM解析器为了更好地支持应用程序的通用性，将创建XML文档对象的操作添加了进来，这样就可以使应用程序不必自己创建XML文件，而只关注于应用程序本身需要处理的数据。对创建XML文档对象的支持具体体现在DOM解析器提供了用来处理文档加载、保存和验证的新模块。

另外一种XML解析规范是SAX规范，SAX可以在互联网上获取源代码。SAX最早是由David Megginson利用Java语言开发出来的一套XML解析方法，之后在互联网上开始流传，越来越多的程序员发展了这套方法，最终形成了一种成熟的SAX解析规范。在1998年5月，SAX1.0版由XML-DEV正式发布。

在XML解析过程中，如果用户能够自行设置XML解析方法，或者可自行

---

① 张哲. 基于 XML 的元数据体系的数据交换 [J]. 计算机工程与应用，2011（10）:38-39.

设置对XML文件的有效性校验方法等，将大大提高XML解析工作的方便性。SAX的最新版本将这样的诉求变成了现实。

3. XML的应用空间

XML作为一种数据描述技术，在系统信息描述方面有非常广泛的应用，除此之外，XML在异构数据源整合过程中也有着重要用途。

（1）XML可以为HTML提供数据支持。HTML是网页制作必不可少的语言，在XML出现之前，HTML就已经非常广泛地应用在网页制作领域。HTML语言在制作网页的时候，通常会将数据信息和数据显示格式融合在一起。这样的编码方式不利于网页的扩展和自动适应。比如，如果HTML文件中的数据个数发生了变化，或者数据长度发生了变化，那么这些数据的显示格式可能会变得糟糕，这就导致在数据本身发生变化的时候，数据的显示方式也要随之进行改变。但XML可以很好地解决这个问题，因为XML可以把数据存储功能和HTML的数据显示分割开。这样就可以确保在数据改动时，仅仅在XML文件内部进行了更改，而不影响HTML的数据格式。

（2）XML用于交换数据。由于XML已有多种应用程序支持，使得XML成为数据交换的一种公共语言，通过XML，不同系统的数据可以进行统一表示，这样，不同的系统就可以进行数据交换。

对于协同工作系统程序的开发者来说，将网络中各个系统之间的数据进行交换是最耗时间的工作。使用XML可以更好地表示各个平台产生的数据，并输出统一规范的数据表示结果。XML格式存储数据可以降低数据交换的复杂性，并为不同的程序提供数据支持。

（二）共享平台信息架构

在整合各个子系统时，需要提供一种数据库平台整合各种数据。从整合共享平台的差异性上看，可以分为同构数据库整合和异构数据库整合。同构数据库是指数据字典与数据模型都相同的两个数据库，否则，我们称两个数据库为异构数据库。

对于同构数据，可以进行DBLINK连接，可以进行创建视图，加上触发器等机制进行数据整合。这种同构数据段整合，依靠数据库管理系统自身提供的一些技术手段。用户只需要按照业务逻辑进行设置即可，不需要在上层应用层代码中有相关数据共享的处理。这样既可以减轻系统的开发工作量，又可以利用成熟稳定的数据库管理系统进行数据同步。

对于异构数据库，也可以有其他技术进行整合。常用的技术是网管技术，具体的方法就是对时间进行排队序列的方式进行数据的驱动和管理，达到数据的交换和整合目的。

（三）数据整合平台中间件

整合异构数据源的数据，就是在应用程序的下层和数据库系统的上层，增加一种可以屏蔽异构数据库的差异，提供统一数据表示的模块，我们称这种模块为中间件。该中间件应该支持不同数据源数据的访问、更新以及发布等操作。

当前异构数据源系统整合的常用解决方案是采用中间件异构数据集成平台。它不改变原始数据的存储方式和管理，各原始数据库仍各自保持独立。中间件应该提供向上和向下两个接口，其中向上的接口为应用程序提供统一的数据支持，向下的接口访问各子系统数据库系统。这样可以保证各子系统数据库仍可独立使用。①

本平台系统使用的是一种基于XML的异构数据访问的XHDAM（XML-based Heterogeneous Data Access Model）模型中间件。XHDAM解决系统互操作的问题是从两个方面着手的。一方面，XHDAM可以对分布式应用系统对象进行无缝连接；另一方面，XHDAM采用XML作为数据描述语言集成异构数据源。XHDAM提供的这两个方面，实现了不同系统的异构数据库整合。

二、平台系统需求分析

高校教学资源数据库共享平台是在目前高校各种资源相对独立的情况

---

① 李丽亚、杜洪敏、宋扬. 对我国工程技术领域科技数据共享的思考 [J]. 中国科技论坛，2004（01）:20–22.

下，为了整合各个资源平台，做到数据的共享和安全存储而提出的一个资源数据库整合项目。相关系统整合的需求分析如下。

（一）系统目标

为了方便教师、学生对资源的查询和使用以及管理人员对学校各种信息的查询、管理，高校教学资源数据库共享平台需要集中整合全校的教学资源，整合"学生在线学习系统""教师教学管理系统"和"教学资源管理系统"三个子系统。

待整合的子系统数据需要做到如下三个方面：①数据进行统一表示；②数据同步更新；③数据查询时的共享。

为了达到这三个目标，要求本平台提供规范的数据表示手段。但是集中这些信息，最紧迫的要求就是要规范这些数据的定义和正确提供信息。

本平台建设的目标为：

（1）构架一个稳定的高校教学资源数据库共享平台体系结构，包括建设适合该系统采用的概念模型、完善该系统的总体架构，以及完成该系统涉及子系统必要的关联、物理存储等。

（2）完善高校教学资源数据库共享平台的设计。即在了解高校教学资源数据库共享平台涉及的主要关键技术后，分析高校教学资源数据库共享平台的数据提取模块和数据整合模块，并为这两个模块设计解决方案等。

（3）实现高校教学资源数据库共享平台数据库构建、数据库整合、数据库维护等，并实现数据库数据质量校验和问题数据的处理等操作。

（4）在高校教学资源数据库共享平台整合的系统中，如果其中的一个系统数据格式发生变化，高校教学资源数据库共享平台可以提供相应的处理过程，对支持的子系统数据进行调整，使之能够适应新的数据库共享平台数据要求。

（二）功能需求分析

下面我们对高校教学资源数据库共享平台所需要的各个功能需求加以分析。

1. 待整合子系统的数据统一表示

由于各个子系统在开发的过程中开发单位不尽相同，所用的数据保存格式不尽相同，甚至使用的数据库都不相同，那么在高校教学资源数据库共享平台整合各个子系统之前，各待整合的子系统自身保留的数据信息，需要用一种统一的格式进行表示。

将各种采集到的异构数据源进行融合与处理是本方案重点解决的问题之一。本平台从以下几个方面解决数据的表示问题：

（1）异构性。计算机软件开发平台是任何一个软件开发时首先要确定的，目前的软件开发平台有多种，各种软件系统侧重点和性能要求不同就导致了系统开发平台的不同；数据库管理系统、操作系统都有可能不同，这种种因素就导致了异构系统的产生。本平台面临的首要问题是异构数据的融合与处理，系统只有对这些异构数据进行了统一的表示，高校教学资源数据库共享平台才可能将这些数据变成可用数据。具体采用的办法就是高校教学资源数据库共享平台将各个异构系统的数据表示采用XML格式进行封装。对各个子系统的数据进行统一的表示，需要定义大量具体的XML文件格式。这些XML文件格式将在数据表示时起到规范数据的作用。当某一个子系统中数据格式发生变化时，也要对这些XML文件进行相应的调整，才可以做到底层数据的调整。

（2）完整性。数据的处理可以被分为三个不同的过程，分别是数据获取、数据封装和数据解析，对数据的完整性控制，要贯穿三个过程。在这三个阶段中对数据的完整性控制要做到不丢失不改变不增加，从而保证数据处理的完整性。

（3）语义冲突。本平台涉及的各子系统信息资源在数据表示和存储方面各不相同，这就导致了相同的数据在不同系统中也存在着语义上的区别。数据语义上的不同主要表现为相同的数据名称代表不同的数据意义，或者是相同的数据模型代表不同的信息。语义冲突会带来很多问题，比如数据融合与处理结果的冗余、数据的发布异常、数据的处理错误和数据信息交换不匹配等。所以，在构建系统过程中，我们把如何尽量减少语义冲突作为本系统数据融合与处理的重点之一。

（4）附加约束。本系统在实现的过程中，还需处理大量对数据本身的附加约束，这些附加约束大多是用户根据实际情况进行的约束，比如学生的年龄范围、教师授课对象、课程的课时要求等。处理好这种人为添加的附加约束主要可以采用两种方法：第一种方法是在数据库中创建大量的触发器，在系统对某一个数据进行修改的时候，可以通过触发器在数据库层面上进行联动修改，从而保证附加约束的执行。第二种方法是可以在定义数据信息时加上约束条件，这样对系统数据进行添加或者修改时，就可以使用数据库管理系统自身所带的约束条件进行检查，执行数据的附加约束。

（5）融合内容限定。系统在整合的过程中，还需要解决如何处理多个数据源之间的数据融合边界问题，即如何定义要融合的数据范围。解决数据融合边界的问题，需要深入了解用户需求，分析每一个子系统功能与即将融合数据的耦合度，采用求同存异的方式，将即将融合的数据拆分后选择性合并，形成新的数据源，对融合内容在数据层面进行限定。

融合内容限定也是数据表示时需要考虑的重要问题，比如在学生在线学习系统中，学生的个人信息中包含了详尽的学生信息，包括学生姓名、登录名、学号、学习成绩管理、兴趣爱好和关注学科等信息，但是通过用户功能分析，在教师教学管理系统和教学资源管理系统中，并不关心更加详尽的学生信息，这样我们就可以限定学生信息中的某些字段，可以不作为数据融合内容。

在保证高校教学资源数据库共享平台正常功能完善的情况下进行子系统信息整合，可以降低平台的开发工作量。

2. 待整合子系统数据的传输

在待整合的子系统数据表示统一之后，需要解决的问题是这些数据在各子系统之间的关联，以及各子系统在用到这些数据的时候，如何从高校教学资源数据库共享平台上正确获取信息，即高校教学资源数据库共享平台的第二个功能应该是提供一种机制，使各个子系统的数据之间传输有效且安全。

换句话说，高校教学资源数据库共享平台需要提供与各个子系统之间数据传输的数据交换接口。①

3. 各子系统的数据解析

各子系统在获取到高校教学资源数据库共享平台提供的统一表示的数据之后，需要根据某种机制对这些数据进行解析。解析后提炼的数据，才可供各待整合的子系统使用。也正是这样的解析能够实现各个子系统之间的无缝连接。

4. 高校教学资源数据库共享平台整合各子系统后提供的附加功能

在高校教学资源数据库共享平台中，除了提供各个子系统必要的数据统一表示之外，为了方便管理人员、教职工、学生等不同角色的用户需求，平台还需要提供其他的附加功能。这些附加功能包括以下内容：

（1）系统管理功能。管理员对子系统数据同步设置、对子系统连接权限设置、系统角色的管理等。

（2）用户管理功能。系统可以新增用户、编辑用户、注销用户以及重置用户密码等。用户信息包括：用户名、姓名、密码。

（3）上传、管理资源功能。老师正确登录系统之后，可上传教学资源。一个资源可以有多个资源文件。资源的存储路径生成规则为:属性编号/学科编号/系部编号/文件名。

（4）资源管理功能。可以按照资源标题、资源所属学科、关键词、资源发布者、资源种类、资源发布日期等条件组合进行模糊的资源检索。教师可以方便地通过标题、关键字、学科等进行模糊查询自己上传的资源。查询结果列表中的资源按上传的时间倒序（可选择正序、倒序）。也可以编辑自己上传的资源、删除自己上传的资源（这个权限受系统管理员控制）、查询资源的相关评论。②

---

① 王保义，张少敏. 基于 XML 构建安全的 Web 服务 [J].计算机应用，2004（09）:25–26.

② 曾亦琦. 基于网络的教学信息资源库及其教学应用 [J]. 广州师院学报，2004（02）:51–53.

（5）教师用户注册功能。教师可以在页面上注册用户。注册的内容为：教师登录名、密码、教师编号、电话、所在系别。管理员审核后启用该用户，教师用户才可以上传资源。

（6）资源搜索功能。所有用户都可以通过资源种类、资源名称、关键词、资源下载次数、资源上传日期、资源上传者等条件模糊搜索资源库里的资源。

本系统设置了管理员、教师和学生三个角色。管理员有子系统数据同步设置、子系统连接权限设置、用户管理、角色管理四个特有用例，以及所有的教师和学生的用例。教师有注册、发布下载资源、资源下载、资源反馈和学生管理五个用例，其中发布下载资源是系统的核心功能。而学生具有注册、下载教学资源以及资源信息反馈和个人信息维护四个用例。其中，下载资源是学生用户的关键用例，是系统对学生用户提供的核心功能。

在高校教学资源数据库共享平台支持的系统中，某一系统出现数据格式不同时，需要提供相应的处理功能，以适应平台支持的其他系统的数据表示。为了满足这个要求，系统中需要增加配置页面，即将各个系统定义的数据结构进行可配置管理，而不仅仅是在系统中固定地记录各种数据格式的定义。

（三）性能需求

本系统实现的客户操作性能需求大致有下面两个方面：

1. 响应时间

系统的响应时间是一个系统在用户使用的过程中，能够最直接感受到的系统性能好坏的重要标准。如何缩短系统在用户发出某一功能请求后的响应时间，是所有系统在设计和开发过程中都要考虑的问题。虽然系统的响应时间是一个系统性能的重要考量方面，但并不意味着系统的任何操作在任何情况下的响应时间都要尽量缩短。在不考虑系统使用过程中偶然情况出现的情况下，系统的响应时间可以用平均情况下某一个最耗时的系统功能的响应时间来进行限制。

在高校教学资源数据库共享平台的工作过程中，不同子系统间数据进行跨系统访问的响应时间是最长的，我们可以用该时间进行系统响应时间的性能限定。经过具体分析跨系统数据访问的响应时间可知，数据间进行访问主要耗时在三个方面：第一，不同系统间数据传输的耗时，这部分耗时主要和数据量以及网络状况相关；第二，由于数据是使用XML格式作为载体，解析XML文件获取数据也是一个比较耗时的过程。采用科学的XML数据解析方法是缩短该处理耗时的主要手段；第三，数据库查询时间，即在高校教学资源数据库共享平台收到访问要求后开始计算，到从数据库中查询到应该返回的数据的时间。数据库查询时间在系统响应的三个较耗时的过程中，是最难实现性能提高的一部分，因为数据库查询时间的耗时和数据库管理系统提供的策略、数据库设计的优劣有直接关系，为了缩短数据库查询时间，有可能需要修改数据库底层的设计和实现，所以在整个系统的设计过程中，对数据库的合理设计尤为重要。

对于数据的传输，根据数据量大小和网络状况的好坏略有差异，一般情况下在100M/s的网络中，传输1M以内的数据，应该不超过500ms；对于XML文件的解析时间，一般处理不超过50个信息结点的XML数据，应该不超过500ms。数据查询时间可以在数据库中采用索引、视图等技术进行优化，一般的响应时间在1s以内。即在一般情况下，各个系统间的数据响应时间应该不超过2s。

2. 并发用户数

根据目前高校已有的系统数量和采用数据库的不同，一般要求的并发访问量应该满足每秒钟响应100～500个用户的访问。

并发用户数可以区分为两种：第一，同一时间对系统中同一个功能的使用用户数量；第二，同一时间，系统支持的登录用户数量。

一般情况下，同时在线用户数量可以远大于同时请求某一操作的用户数量。

除了上述的操作性能和系统实现性能外，还有其他的性能需求，包括如用户单位对安全保密的要求，平台使用方便的要求，等等。

三、平台系统设计

基于XML的Web高校教学资源数据库共享平台是相对独立的、复用性强的、基于Web的网络数据整合和管理系统。本部分着重论述高校教学资源数据库共享平台的设计分析。

（一）平台系统设计目标

（1）实用的系统平台。本研究所设计的系统，旨在实现对学生在线学习系统、教师教学管理系统和教学资源管理系统三个教学资源系统中的教学资源规范化描述和存储，以提供便于共享的教学资源库，方便学生查询各种教学资源，为教师提供教学素材，为高校管理者提供各种教学信息。

（2）数据的稳定传输。为了传输不同数据平台中的数据，本系统使用XML数据文件进行数据信息的封装，将封装好的XML数据文件进行传输，有利于保障数据传输的稳定。

（3）数据的统一表示。在多系统间传输数据的同时，在部门众多、数据格式不统一的实际情况下，设计具有针对性的数据同步解决方案，该方案必须满足高效、简单的要求，这种数据同步的解决方案应用到部门众多的信息系统中，能够有效地实现数据的统一表示和数据共享。

（4）在子系统中某些数据格式发生改变时平台的自适应性。在实现了三个子系统的整合后，根据实际情况，某个子系统可能会出现变动，业务逻辑的变动最终会反映在子系统中某些数据结构的改变上。所以，高校教学资源数据库共享平台在平台系统设计时，应该提供一种方法，可以做到根据子系统的调整而调整系统目标。

（二）平台体系架构

本共享平台系统采用的是子系统分层挂接式结构模型，即在子系统中增加数据交换接口层，将该接口挂接在平台系统。采用这种接口模型的目的是考虑到系统的组成涉及部门构成的许多下属部门和分支机构各自所拥有的部

门，加上部门机关本部的管理信息系统共同组成。[①]系统的整体架构如图4-4
所示。

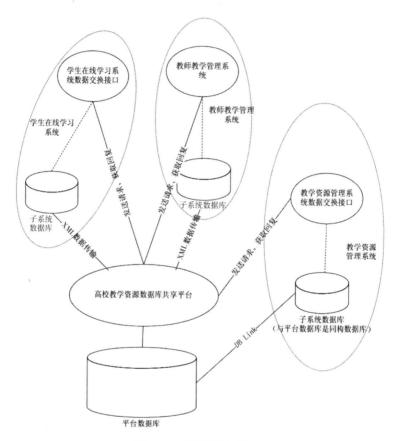

图4-4　系统整体架构图

（三）平台技术架构

在系统总体结构模型的选择上，本研究结合本系统的实际应用环境并
参考当前众多流行的B/S系统通行模式采用了三层体系结构。三层体系结构
将数据存储、数据表示和数据处理进行分层管理，明确分割了系统的各层
功能。

在本系统中，体系结构的三个层次分别是待整合子系统层、功能逻辑

---

① 王安娜. 基于 XML 的异构数据集成技术的应用研究 [D]. 西安 : 西北工业大学，2007:10-12.

层、数据库服务层。待整合子系统层是学生在线学习系统、教师教学管理系统和教学资源管理系统三个单独的系统；功能逻辑层将待整合子系统层进行了封装和整合，首先将三个系统的数据汇聚到XML数据处理部分，这部分使用ASP.NET进行数据的组装、传输和解析，之后将加工后的数据送入业务逻辑层，进行相应的业务逻辑处理，业务处理之后的数据会进入数据库进行汇聚操作。

平台数据库整合了待整合子系统的数据，为其提供数据支持，为高校教学资源数据库共享平台的数据整合提供了数据存储保障。平台采用这种分层的结构，既保证了数据的安全性，又方便了平台的维护和功能扩展。本系统所采用的分层体系结构如图4-5所示。

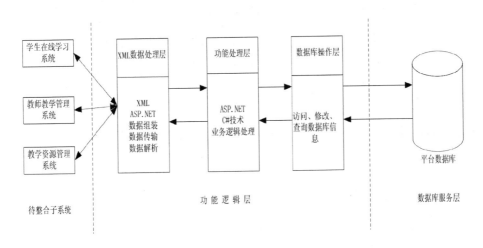

图4-5　平台所采用的三层体系结构图

（四）功能结构设计

高校教学资源数据库共享平台在功能结构的设计上包括两方面，一方面是平台功能结构设计，另一方面是XML数据文档处理设计。其中平台功能结构指的是高校教学资源数据库共享平台为了集中三个子系统的功能，在平台中设计的功能链接；XML数据文档处理设计主要完成子系统在数据整合过程中的数据组装和解析功能，该模块是平台结构设计中的重要模块。

1. 平台功能结构

根据高校教学资源共享平台的需求分析，高校教学资源共享平台需要具备以下功能以及子功能，详细功能结构如图4-6所示。

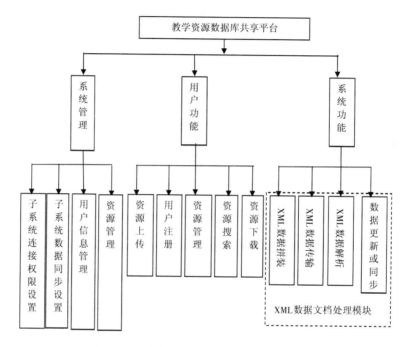

图4-6 教学资源数据库共享平台的功能结构

（1）系统管理功能。系统管理功能是为了保证系统在框架层面上可正常运行而设置的功能，主要包括以下几个子功能：①管理子系统连接权限设置；②子系统数据同步设置；③用户信息管理；④资源管理。

（2）管理员对资源的管理功能。管理员对教学资源的管理功能主要包括增加教学资源、审核教学资源、编辑和删除教学资源。对教学资源的管理，对教学资源管理系统有着特殊的意义，管理员对资源进行正确的管理可以优化高校教育资源平台的使用效果。

（3）上传、管理资源功能。教师成功登录系统之后，可上传教学资源。一个资源可以有多个资源文件。资源的存储路径生成规则为:属性编号/学科编号/系部编号/文件名。

（4）资源管理功能。可以进行资源信息的模糊检索。教师可以方便地通过标题、关键字、学科等进行模糊查询自己上传的资源，查询结果列表中的资源按上传的时间倒序（可选择正序、倒序）；也可以编辑自己上传的资源、删除自己上传的资源（这个权限受系统管理员控制）、查询资源的相关评论。

（5）教师用户注册功能。教师可以在页面上注册用户，教师用户注册之后，经管理员审核后启用，用户才可以上传资源。

（6）资源检索功能。所有用户都可检索资源库里的资源。通过资源标题、资源所属学科、关键词、资源类型、适用对象、文件大小等进行模糊查询。

（7）三个子系统共享数据的XML可配置功能。在实际工作中，高校教学资源数据库共享平台整合的三个子系统难免会根据实际工作的需要做一些改动，在子系统做了修改的情况下，高校教学资源数据库共享平台应该如何适应新的数据类型呢？由于在子系统中，无论业务逻辑如何修改，在系统最底层的都是可共享的数据。而这些数据正是用XML进行封装后传输的，那么为了在子系统业务逻辑发生修改时不影响整个平台的使用，可以在对数据信息存入XML文件格式之前，对XML文件格式进行可配置的管理。采用可配置管理手段，可以在子系统数据结构发生更改时进行有效的XML数据格式调整。

2. XML数据文档处理模块

该模块主要完成对XML数据文件的处理。对XML数据文件的处理包括XML数据的封装、XML数据的解析。只有按照XML内容定义的信息才会被高校教学资源数据库共享平台接受，形成可以处理的信息，这就要求对数据文件的处理必须确保系统产生的结果被加工成规范的XML数据结构。

成为规范的XML数据结构的具体做法是将系统产生的数据结果进行加工，形成XML Schema 补充材料模式。由于.NET框架集成了许多XML的处理，这在实际的开发过程中，使对XML解析的相关操作变得简单、通用而且不易出错。在.NET框架中，System.xml.Serialization命名空间提供了一个类，用于实现对XML数据文档的处理，即将数据按照XML的语法规范进行格式化，以方便采用通用的方法进行XML数据文件的解析。由于该命名空间中的类是一种开放的类库，在此不再进行深入讨论。

对于已经生成的规范XML数据文件，可以通过通用的方法进行XML文件解析，即组装数据、提取数据或者数据的完整性校验。

（五）系统数据库设计

每一个系统的数据库设计都非常重要，数据库表结构的优劣，直接关系到整个系统的性能，高校教学资源数据库共享平台也不例外。

1. 数据库设计的基本原则

数据库设计是指在一个给定的环境中，构造一个最优的数据库模式。系统数据库不仅负责为整个系统提供数据支持，同时也需要方便地进行数据关联。平台数据库的优劣将直接影响到平台的工作性能。所以，数据库的设计必须坚持科学的设计原则：

科学的数据库设计原则应该包括：①立足于应用程序的性能需求进行数据库设计；②遵循数据库设计的规范化规则；③考虑数据库的可扩展性；④保证数据的规范表示，为以后数据的共享提供方便；⑤确保平台数据可以进行历史操作回溯。①

2. 系统主要E-R图

高校教学资源数据库共享平台涉及的关键实体包括平台用户信息、子系统连接配置信息、XML数据格式信息、教学资源检索信息等。系统数据库主要的实体E-R图如图4-7所示。

---

① 倪志伟. 动态数据挖掘 [M]. 北京：科学出版社，2011:130-160.

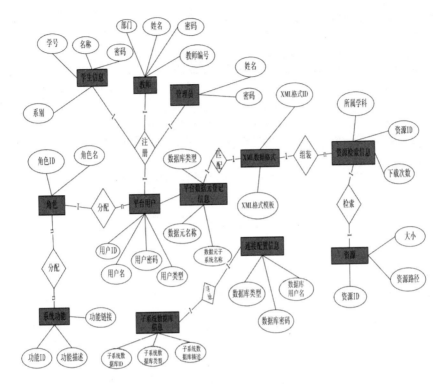

图4-7　数据库主要实体E-R图

3. 系统主要数据库表

（1）平台用户信息表（表4-5）。

表4-5　平台用户信息表

序号	字段的英文名称	字段的中文名称	字段类型及精度	数据说明	是否为主码
1	USER_ID	用户ID	Char（10）	Not null	YES
2	USER_NAME	用户名	Nvarchar（50）	Not null	No
3	USER_PASSWORD	密码	Char（20）	Not	No
4	USER_TYPE	用户角色	Nchar（50）	Not	No

此平台用户信息表包含了系统的所有基本用户。每个用户信息包含有用户名、用户登录密码以及用户所属群组等信息。其中USER_ID为该数据表的主码。

用户群组即用户的角色，不同的群组可以有相似的功能权限。

（2）子系统连接配置信息表（表4-6）。

表4-6 子系统连接配置信息表

序号	字段的英文名称	字段的中文名称	字段类型及精度	数据说明	是否为主码
1	CONFIG_ID	配置ID	Int	Not null	YES
2	SAME_OR_DIFF	是否同构数据库	Bit	Not null	No
3	DB_USER	数据库用户名	Char（30）	Not null	No
4	DB_PASS	数据库密码	Char（50）	Not null	No
5	DB_TYPE	数据库类型	Char（20）	Not null	No

此连接配置表保存的是待整合的子系统数据连接信息，包括子系统数据库类型、数据库用户名和密码以及该数据库是否为异构数据库。此表中的主键是CONFIG_ID，用来唯一标示配置信息。

（3）XML数据格式信息表（表4-7）。

表4-7 XML数据格式信息表

序号	字段的英文名称	字段的中文名称	字段类型及精度	数据说明	是否为主码
1	XML_ID	XML数据格式	Int	Not null	YES
2	XML_NAME	查询名称	Nchar（60）	Not null	No
3	XML_INFO_NUM	XML数据结点个数	Int	Not null	No
4	XML_DATA_FROM	XML数据来源	Nchar（50）	null	No
5	XML_IS_FULL	是否有可选项	Char（2）	null	No
6	XML_DESCRIB	查询描述	Nvarchar（500）	null	No

XML数据格式信息表中保存的是子系统和平台进行数据交换时，不同的数据内容组装成为XML文件的格式。此表中的主键是XML_ID，用来标示XML数据文件的格式。

（4）教师信息表（表4-8）。

表4-8　教师信息表

序号	字段的英文名称	字段的中文名称	字段类型及精度	数据说明	是否为主码
1	TEACHER_ID	教师ID	Int	Not null	YES
2	NAME	教师名	Nchar（20）	Not null	No
3	XIBIE	系别	Nchar（20）	null	No
4	ZY_TYPE	资源类别	Char（8）	null	No
5	ZHICHENG	职称	Nchar（20）	null	No
6	GOGNZI	工资	Money	null	No

教师信息表中保存的是全体教师的信息，包括教师编号、姓名、教师的系别、教师默认上传资源的类型等信息。

教师信息表中的信息，可以为三个系统提供必要的数据支持，在三个子系统中，对教师信息表进行查询和更新时可以做到同步。

此表中的主键是TEACHER_ID。

（5）学生信息表（表4-9）。

表4-9　学生信息表

序号	字段的英文名称	字段的中文名称	字段类型及精度	数据说明	是否为主码
1	S_NO	学号	Int	Not null	YES
2	S_NAME	姓名	Varchar（50）	Not null	No
3	S_SEX	性别	Char（2）	null	No
4	S_PARTY	政治面貌	Nchar（100）	null	No
5	S_COLLEGECODE	所属院系	Char（10）	null	No
6	S_NATIVEPLACE	籍贯	Nchar（20）	null	No
7	ZY_TYPE	默认资源类别	Char（10）	null	No

学生信息表中保存的是所有学生的个人信息，包括学生学号、姓名、政治面貌、所属院系代码等属性。

这张学生信息表包含的信息同样可以被三个子系统共享，保证了这些数据在被不同系统使用时的同步和统一。

学生信息表中的主键是学号，即S_NO，用来唯一标示一个学生。

（6）资源检索表（表4-10）。

表4-10 资源检索表

序号	字段的英文名称	字段的中文名称	字段类型及精度	数据说明	是否为主码
1	ZY_ID	资源ID	Int	Not null	YES
2	ZY_NAME	资源名称	Nchar（100）	Not null	No
3	ZY_XUEKE	资源所属学科	Nchar（100）	Not null	No
4	ZY_KEYWORD	资源关键字	Nchar（100）	null	No
5	ZY_DA1P	上传日期	Datetime	null	No
6	ZY_YUYAN	资源语言	Char（2）	null	No
7	ZY_SIZE	资源大小	Int	null	No
8	ZY_ZUOZHE	资源上传者	Nchar（30）	null	No

管理员和教师在上传资源的同时，平台会为资源做摘要，这些摘要信息存放在资源检索表中。

该表的主键是ZY_ID，主键作为资源表的外键，在用户查找需要的资源时，先在资源检索表中根据关键字进行查询，之后用ZY_ID查询资源表，得到资源的存放路径。

资源检索表中的主键是ZY_ID，用来唯一标示一个资源信息。该主键也是资源表的一个外键。

（7）资源表（表4-11）。

表4-11 资源表

序号	字段的英文名称	字段的中文名称	字段类型及精度	数据说明	是否为主码
1	ZY_ID	资源ID	Int	Not null	YES
2	ZY_PATH	资源路径	Char（60）	Not null	No
3	ZY_SIZE	资源大小	Int	Not null	No
4	ZY_QUANXIAN	资源权限	Char（10）	null	No

由于教学资源一般占用较多的存储空间，我们选择在计算机中保存这些

教学资源而不是在数据库中。那么资源表中主要存放的内容就是管理员和教师角色上传的教学资源的存放路径。除了资源的存放路径，表中还保存了资源的大小、资源的查询、评论权限。

资源表中用ZY_ID做主码，和资源检索表相关联，用来支持从资源检索到资源下载整个过程。

四、系统平台实现

高校教学资源数据库共享平台的构建，是平台建设的重要内容，在系统构建过程中，数据整合如何实现，是本课题考虑和研究的重点内容，本部分将详细论述高校教学资源数据库共享平台的构建与实现。

（一）系统实现的开发环境

结合本系统的特点，它运行的硬件和软件环境必须具有快速处理数据的能力。另外，还要保障系统运行的高效性、安全性和兼容性。软件开发的硬件环境包括开发机、服务器和客户端三种类型。

本系统的设计软件环境如下：

（1）服务器端：Windows Server 2003（企业版）操作系统

SQL Server 2008和 IIS7.5。

（2）客户端：Windows 7操作系统

.Net Frame work 3.5；

IE7.0或以上版本浏览器。

（3）开发平台：Microsoft Visual Studio 2008开发环境

C#开发语言；

SQL Server 2008；

MySQL 5.5.2GA；

必要的开发手册如XML开发文档、MSDN等。

（二）平台主要功能界面的实现

平台主要功能界面的实现紧紧围绕平台功能需求，系统登录页面包括用户的角色选择、用户名输入框和密码录入框。系统用户操作主界面设置的有用户欢迎词、功能导航以及通知信息。在登录界面，用户提供正确的用户名和密码后即可进入高校数据资源库共享平台。

根据用户角色不同，用户成功登录后，用户操作界面的功能菜单会显示不同的系统功能。除管理员外，其他角色的功能都做了权限限制。以教师角色为例，教师角色用户登录系统后，可使用导航栏中的"个人设置"和"上传资源"等功能，无法使用其中的"后台管理"功能。

为了平台系统的使用方便，平台界面在实现的时候，添加了一些符合用户习惯的设计。比如，在"个人设置"功能中提供了对系统使用偏好的个性化设置。主要功能界面中显示的功能也是可以配置的，比如，登录界面中的"用户注册"功能是通过管理员授权才可以使用的。

当用户成功登录并进入平台主界面，以资源下载界面为例，界面的上部为资源搜索选项，下部展现搜索结果。资源搜索选项部分提供了多种条件的模糊查询。资源的展示部分，每页可以展示20条资源信息，同时，界面提供这些搜索结果的排序方式和再次筛选的功能。

用户在列出的教学资源中，可以选择可用的教学资源进行浏览、收藏或者下载。点击资源名称，即可进行教学资源的概况信息浏览；也可以进行资源的收藏操作，即把该教学资源设置为本人收藏的资源，在用户下次登录平台系统之后，还可以看到自己已经收藏的资源；如需下载本资源到本地，则点击试用下载按钮进行资源的下载操作。

（三）平台各模块关键代码

1. 平台系统配置文件

高校学生处存储了所有学生入学时登记的信息，该信息的数据量较大。系统数据库的连接和操作使用ADO.NET，对于数据库的连接条件，比如数据库名称、用户名和密码等信息，统一在一个配置页面进行配置，这个配置界面即为web.config。这样数据库的连接信息就可以直接在此配置页面上获取，就不用在每一个页面上都包含数据库连接代码，并且在此后一旦数据库的名称、用户名或者密码发生变动，则只需要在web.config文件中修改相应的部分，就可以完成整个系统的相应修改。这样就降低了系统数据库密码的泄漏风险，下面对应的就是web.config文件中的部分代码：

```
<?xml version=" 1.0" encoding="gb2312"?>
<configuration>
<system.web>
<compilation defaultlanguage="vb"
debug="true"/>
<customerrors mode="remoteonly"
defaultredirect="js/error.htm">
<error statuscode="620"
redirect="js/filenotfound.aspx">
<error statuscode="562"
redirect="jslerror.htm">
</customerrors>
<authentication mode="windows"/>
<authorization>
<allow users="*"/>
</authoriz ation>
<httprunt ime maxrequestlength="4000" usefully qualifiedredirecturl="true"
executiont imeout="45"/>
<trace enabled="false" requestlimit="10" pageoutput="false"
tracemode="sortbytime" localonly="true" l>
<sessionstate mode="inproc"
stateconnectionstring="tcpip=192.168.0.9:12086"
cook ieless="false "timeout="20"/>
<globalization requestencoding="gb2312" responseencoding="gb2312"
```

```
fileencoding="gb2312/>

</sy stem.web>

<appsettings>

<add key="connstring" value="uid=admin;password=1234;

database=Database_Resource;server=."/>

<lappsettings>

<lconfiguration>
```

2. 异构数据源XML数据组装

我们以整合学生在线学习系统中的学生信息和资源管理系统中的学生信息为例，描述学生信息在异构数据库中的整合过程。

不同的子系统中存在相同的数据信息，比如三个子系统中都保存了学生信息。那么学生信息在两个异构数据库中的存储方式及内部数据片段如下所述。

（1）学生在线学习系统的数据库管理系统（DBMS）为SQL Server 2008，在SQL Server 2008数据库中，学生信息表的各字段名分别为s_no（学号）、s_name（姓名）、s_sex（性别）、s_party（政治面貌）、s_collegecode（学院代码）、s_nativeplace（籍贯）。

（2）教学资源管理系统数据库的数据库管理系统为MySQL数据库，其中的学生信息存放的数据表为stu_info，该表的各字段名分别为 stu_id（学生用户id）、stu_name（学生名称）、stu_phone（学生联系电话）、stu_college（学生所属学院代码）。

可见，学生在线学习系统和教学资源管理系统的数据库管理系统不同，存储方式不同，甚至对于同一个数据，即学生的信息描述都不相同。教学资源管理系统中仅用四个字段对学生进行描述，而在学生在线学习系统中，则有六个字段进行描述。

数据库整合平台在对这两个异构数据库中的学生信息进行整合时，首先根据各自的DBMS提供的数据访问方式进行数据库接入，不同的DBMS提供的接入方式不同，但是每个DBMS提供的接入方式都是既定的和公开的，在这里不再赘述。连接数据库之后，数据处理时需要先提取教学资源管理系统数据库中的学生信息，即MySQL中的stu_info表数据，之后将学生信息按照既定的格式组装到"学生信息XML数据"文件中。学生信息的XML文件格式在"XML数据格式信息表"中已经定义。组合成的XML数据如下：

学生信息XML数据中，包括学号、姓名、性别、政治面貌、学院代码、籍贯等信息，具体XML数据如下：

```
<?xml version="1.0" encoding="utf-8"?>

<root>

<studentinfo>

<s_no>1208010121</s_no>

<s_name>张三</s_name>

<s_sex>男</s_sex>

<s_party>共青团员</s_part y>

<s_collegecode>021</s_collegecode>

<s_nativeplace>某省某市某小区</s_nativeplace>

</studentinfo>

<info_num>6<linfo_num>

<data_from>my_sql</data_from>

</root>
```

组装之后的XML中，已经包含了教学资源管理系统数据库中的学生信息。这部分信息通过数据传输模块传递给学生在线学习系统。这样学生在线学习系统就获取到在教学资源管理系统数据库中保存的信息。

由于采用XML格式对数据进行封装，每一个XML数据文件的模板都在数据库中的XML数据格式信息表中保存。学生在线学习系统在获取到这部分数据之后，只需要按照XML数据格式信息表中定义的格式，将信息解析出来，即可获取在教学资源管理系统中保存的数据，从而完成两个异构数据库系统的数据整合任务。

3. 数据文档处理模块代码

在本模块的实现中我们使用的是生成XSD模式。此模式描述的是一族相关XML文档的结构及允许存在的内容。XSD模式代码如下：

```
<?XML version="1.0"encoding="utf-8"?>
<xs:schema id="XMLSchema1"
target Name space="http://tempuri.org/XMLSchema1.xsd"
elementFormDefault="qualified" XMLns= http://tempuri.org/XMLSchema 1.x
sd
XMLns:mstns="http://tempuri.org/XMLSchema 1.xsd"
XMLns:xs="http://www.w 3.org/2001/XMLSchema"
XMLns:msdata="urn:schemas-microsoft-com:XML-msdata">
<xs:element name="Document ">
<xs:complexType>
<xs:choice minOccurs="0"maxOccurs= "unbounded">
<xs:element name="bas_users">
<xs:complexType>
<xs: sequence>
<xs:element name="bu_id"
type="objectid:uniqueidentifier"/>
<xs:element name="code"
type="_x0033_2:v archar"/>
<xs:element name="name"
type="_x0033_2:v archar"/>
<xs:element name="pwd"
type="_x0033_2:varchar"minOccurs="0"/>
<xs:element name="bo_id"
```

type="objectid:uniqueidentifier" minOccurs="0"/>

<xs:element name="type"

type="_x0038_:varchar "minOccurs="0" >

</xs: sequence>

</xs:complexType></xs:element>

</xs:choice>

</xs:complexType>

<xs:unique name="DocumentKey1">

<xs: selector xpath=".J/mstns:bas_users"/>

<xs:field xpath= "mstns:bu_id">

</xs:unique>

</xs:element>

</x s:schema>

4. 平台元数据传输模块代码

平台对元数据的传输是实现平台数据整合功能的关键步骤。它关联了高校教学资源数据库共享平台和各个子系统,实现了元数据在高校教学资源数据库共享平台和子系统间的传输。

该部分的部分代码如下:

```
public static void send (XML Document Doc, string
Element Name, Symmetric Algorithm Key)
{
for (int i=0;i<=Doc.Get ElementsByTagName (Element Name) .Count;it+)
{
XML Element elementToSend=
Doc.GetElementsByTagName (ElementName) as XMLElement;
SendedXML eXML=new SendedXML ();
byte[]SendedElement=eXML.SendData (elementToSend,Key,false);
```

```
SendedData edElement=new SendedData（）；

edElement.Type=SendedXML.XMLEncElementUrl；

string SendMethod=null；

SendMethod=SendedXML.XMLEncDESUrl；

edElement.SendMethod=new

SendMethod（SendMethod）；

edElement.CipherDat a.CipherValue=SendedElement；

SendedXML.ReplaceElement（elementToSend，edElement，false）；

}

}
```

5. 子系统XML数据解析代码

该模块是子系统获取到XML数据之后，将XML中的数据进行解析部分的实现。本模块在子系统中添加，为子系统和高校教学资源数据库共享平台的无缝对接做了必要的改造工作。

对XML数据的解析，主要使用了Cmarkup类中提供的操作，其中SetDoc方法的作用是进行XML数据的载入、FindElem方法是对XML的数据结点进行定位，GetData是读取当前位置的XML结点信息。读取结点信息时，要根据XML信息类型进行读取。

例如，在读取学生信息XML数据时，采用的读取办法可以用以下代码实现。

该模块中的部分代码如下：

```
CMarkup xml；

xml.SetDoc（InputXml.c_str（））；

xml.FindElem（"studentinfo"）；

xml.IntoElem（）；

xml.FindElem（"s_no"）；

sno = GetData（）；
```

```
xml.FindElem（"s_name"）;

sname = GetData（）;

xml.FindElem（"s_sex"）;

sex=GetData（）;

xml.FindElem（"s_party"）;

sparty=GetData（）;

xml.FindElem（"s_collegecode"）;

scollegecode=GetData）;

xml.FindElem（"s_nat iveplace"）;

snativeplace=GetData（）;

OutOfElem（）;

xml.FindElem（"info_num"）;

infonumber = GetData（）;

xml.FindElem（"data_from"）;

databasetype = GetData（）;
```

在解析学生信息（InputXml）XML文件时，分别将学号存入了
s_no、学生姓名存入了s_name、政治面貌存入了s_party、所属学院存入了
s_collegecode等。这些已定义的变量中保存的信息，可以在平台系统的业务
逻辑处理过程中使用。这个过程就是解析XML文件的一个示例。使用同样的
解析步骤，平台还可以解析其他的XML数据文件，在此不再多作介绍。

参考文献

［1］屈晓，麻清应.MySQL数据库设计与实现［M］.重庆：重庆大学电子音像出版社，2020.

［2］许楠，高秀艳，赵滨.软件工程中数据库的设计与实现研究［M］.长春：吉林大学出版社，2019.

［3］杨文莲.Access数据库设计实验及习题解答［M］.西安：西安电子科技大学出版社，2018.

［4］王生春，支侃买.SQL Server数据库设计与应用［M］.北京：北京理工大学出版社，2016.

［5］李明仑，张洪明.网络数据库设计与管理项目化教程［M］.北京：科学技术文献出版社，2015.

［6］傅仁毅.数据库设计与性能优化［M］.武汉：华中科技大学出版社，2010.

［7］熊江，许桂秋.NoSQL数据库原理与应用［M］.杭州：浙江科学技术出版社，2020.

［8］胡孔法.数据库原理及应用［M］.北京：机械工业出版社，2020.

［9］彭军，杨珺.数据库原理及应用 SQL Server 2014［M］.北京：中国铁道出版社，2020.

［10］杨忠.数据库原理及编程［M］.天津：天津科学技术出版社，2020.

［11］郭华，杨眷玉，陈阳.MySQL数据库原理与应用［M］.北京：清

华大学出版社，2020.

［12］张雷，冯斌，翟继强.数据库原理及应用［M］.北京：中国水利水电出版社，2020.

［13］李唯唯.数据库原理及应用［M］.北京：清华大学出版社，2020.

［14］尹志宇.数据库原理与应用教程［M］.北京：清华大学出版社，2020.

［15］李俊山，叶霞.数据库原理及应用［M］.北京：清华大学出版社，2020.

［16］李玲玲.数据库原理及应用［M］.北京：电子工业出版社，2020.

［17］覃福钿.数据库与安全课程思政教学设计与实践［J］.电脑知识与技术，2021，17（11）：138-140，146.

［18］刘亚波.高校英语在线教学系统的开发与设计［J］.自动化技术与应用，2021，40（03）：183-186.

［19］陈晓琴.智慧课堂在数据库系统课程中的应用［J］.集宁师范学院学报，2021，43（02）：51-55.

［20］张志洁.工程教育认证背景下大型数据库设计课程混合式教学模式探析［J］.创新创业理论研究与实践，2021，4（02）：111-113.

［21］张巧荣，李丛束.O2O翻转课堂教学模式在大型数据库课程教学中的应用［J］.计算机教育，2021（01）：150-153.

［22］胡辉.《数据库系统》课程思政教学设计探讨［J］.现代计算机，2020（36）：87-90.

［23］奎晓燕，郭克华，邹北骥，刘卫国，康松林.高校课堂教学的基本方法研究——以"数据库技术与应用"课程教学设计为例［J］.工业和信息化教育，2020（11）：85-88.

［24］李小兰，严晖，奎晓燕，刘卫国，周肆清，刘泽星.基于OBE理念的教学改革与实践——以"数据库技术与应用课程设计"为例［J］.工业和信息化教育，2020（11）：62-66.

［25］刘丹.中职数据库课程的教学设计与开发［D］.天津：天津职业技术师范大学，2020.

［26］李凌春，王茜.基于自主学习模式的数据库通识课程实验设计［J］.电脑知识与技术，2019，15（21）：141-142，153.

［27］潘丽华.高职院校"程序设计"与"数据库"融合教学指导与实践研究［J］.无线互联科技，2019，16（13）：82-83.

［28］张涛.网络化教学管理系统设计［D］.大连：大连交通大学，2019.

［29］李晓华，孙锋申.SQL Server数据库混合式教学设计与研究［J］.中国多媒体与网络教学学报（中旬刊），2019（06）：7-8.

［30］李增祥.基于SPOC的数据库技术课堂翻转教学设计［J］.电脑知识与技术，2019，15（16）：166-167.

［31］唐玉仙.高校教学及教学设施管理系统设计［D］.哈尔滨：哈尔滨理工大学，2019.

［32］兰效晨.现代远程教学系统的设计与实现［D］.天津：天津大学，2018.

［33］张丽芝.高校智能排课系统的研究与设计［D］.西安：西安工程大学，2018.

［34］刘劭.基于微服务的教学支持平台服务端的设计与实现［D］.南京：南京大学，2018.

［35］许彦.高校教务管理系统设计与实现［D］.北京：北京工业大学，2017.

［36］王镜皓.基于VR技术的软装设计教学工具研究［D］.广州：广州美术学院，2017.

［37］杜环环.《数据库原理与应用》课程内容的微课设计与实现［D］.乌鲁木齐：新疆师范大学，2017.

［38］彭学军.微信公众号+翻转课堂的创新型教学模式研究——以《数

据库基础》课程为例［J］.职教论坛，2017（15）：77-80.

［39］房婷玲.基于数据库课程智慧课堂教学模式设计的研究［D］.西安：陕西师范大学，2017.

［40］朱丽娟.仓储管理教学系统的开发［D］.大庆：东北石油大学，2017.

［41］过伟荣.面向服务架构的高校移动教学辅助平台研究［D］.杭州：浙江工业大学，2017.

［42］刘秀梅.基于MySQL数据库安全的实验教学系统的设计与实现［D］.北京：北京邮电大学，2017.

［43］王姣.移动网络教学系统设计与实现［D］.北京：北京工业大学，2016.

［44］朱风华.网络教学综合平台系统的设计与实现［D］.长春：吉林大学，2016.

［45］袁泉.面向应用型转型高校的网络教学系统设计与实现［D］.大连：大连海事大学，2016.

［46］李志敏.基于UML的网络自主学习平台的分析与设计［D］.南昌：南昌大学，2015.

［47］刘健.教学资源管理系统设计与实现［D］.哈尔滨：黑龙江大学，2015.

［48］崔庆能.基于网络数据库的在线教学系统的设计［D］.昆明：云南大学，2015.

［49］汤翰轩.高校教学过程评价系统设计与实现［D］.成都：电子科技大学，2015.

［50］侯爽，陈世红.基于翻转课堂的Access数据库课程教学实践［J］.计算机工程与科学，2014，36（S2）：262-265.

［51］韩国英.高校教学设备管理系统设计与实现［D］.石家庄：石家庄铁道大学，2015.

［52］王伟峰.教学网站的设计与开发［D］.哈尔滨：黑龙江大学，2014.

［53］李春英.高校教学综合管理系统的教学管理子系统设计与实现［D］.成都：电子科技大学，2014.

［54］王灵莉.基于XML的高校教学资源数据库共享平台［D］.成都：电子科技大学，2012.

［55］梁冲.异构数据库间的数据集成在教学平台上的应用研究［D］.青岛：中国海洋大学，2012.

［56］李津.高校教学运行状态数据库系统的研究与实现［D］.青岛：青岛大学，2011.

［57］孙艳秋."项目教学法"在VFP数据库教学中的应用［J］.黑龙江科技信息，2011（05）：197.

［58］朱秀丽，陈劲松.案例教学法在Access数据库技术教学中的应用探索［J］.煤炭技术，2010，29（04）：228-230.